W0413293

Be Boss

BE BOSS

33 Stolpersteine beim Führen & Kommunizieren

3. Auflage

Tatjana Lackner

Nika Triebe

MANZ

Zitiervorschlag: *Lackner/Triebe*, Be Boss^3 (2015)

Der besseren Lesbarkeit wegen haben die Autorinnen bewusst auf Genderformulierungen verzichtet.

ISBN: 978-3-214-00818-5

Telefon: (01) 531 61-0
E-Mail: verlag@manz.at
www.manz.at
Satzherstellung: **BuX.** Verlagsservice, www.bux.cc

Inhaltsverzeichnis

Kapitel 1: Check Yourself! (Tatjana Lackner) 9
Das Be Boss-Logbuch 14

Kapitel 2: Führen versus Managen (Nika Triebe) 19
Führen Sie Menschen und managen Sie Prozesse! 20

Kapitel 3: Vom Kollegen zum Chef (Tatjana Lackner) 25
Hier sind die 14 häufigsten Führungsfehler 27

Kapitel 4: Be Boss – not bad Boss! (Nika Triebe) 35

Kapitel 5: Mundpropaganda (Tatjana Lackner) 43
Wie werden Empfehlungsanreize geschaffen? 46

Kapitel 6: Interne Kommunikation (Nika Triebe) 53
Welche Rituale sind das? 57

Kapitel 7: Der Experte als Führungskraft (Tatjana Lackner) 63
Wie stärken Sie Ihre Führungskompetenz? 65

Kapitel 8: Wer sich selbst motiviert, bewegt auch andere! (Nika Triebe) 69

Kapitel 9: Lebensstrategien und Wachstum (Tatjana Lackner, Nika Triebe) 83

Kapitel 10: Erkennen Sie gute Trainer (Tatjana Lackner) 91
Passt der Trainer zu meinen Mitarbeitern? 91

Kapitel 11: Wie funktioniert lernen? (Nika Triebe) 99
Be Coach – Be Trainer – Be Boss! 99

Kapitel 12: Unterscheiden Sie Kommunikationsformen!
(Tatjana Lackner) 105
Kommunikation muss situations- und positionsadäquat sein 107

Kapitel 13: Vom Traum zum Ziel (Nika Triebe) 113
Strategie-Kontroll-Check 124

Kapitel 14: Von Berufsnachbarn lernen (Tatjana Lackner) 129

Kapitel 15: Lob und Ressourcen (Nika Triebe) 137

Kapitel 16: Von Bullshit-Bingo und anderen Gesellschaftsspielen (Nika Triebe) 143
Wer klarer spricht, wird besser verstanden 145

Kapitel 17: Eigenmarketing hilft! (Tatjana Lackner) 149
Brauchen Führungskräfte Eigenmarketing? 149

Kapitel 18: Networking – gute Beziehungen erkennen Sie an den Jahresringen (Nika Triebe) 155

Kapitel 19: K9-Karussell – Ihre Unternehmensnavigation, Teil 1 (Tatjana Lackner) 163
Abgefischte Märkte – Neue Chancen 163

Kapitel 20: Rang-Dynamik-Modell (Nika Triebe) 171
Durch die richtige Besetzung zum Longseller 171

Kapitel 21: Der Chef ist Kunde (Tatjana Lackner) 179

Kapitel 22: Das Mitarbeitergespräch (Nika Triebe) 185
Lieber vorbereiten als nachbessern! 186

Kapitel 23: Kündigungsgespräche professionell führen
(Tatjana Lackner) 195
Sachliche Kündigung – korrekter Schnitt 197

Kapitel 24: Kommunikationsblockaden und andere Gesprächskiller (Nika Triebe) 201
Top-down Kommunikationssperren 205

Kapitel 25: Hiobsbotschaften überbringen (Tatjana Lackner) 209

Kapitel 26: Verhandlung (Nika Triebe) 217
Die fünf Prinzipien der „Coop-Verhandlung" 220

Kapitel 27: Kommunikation mit Lap-Com (Tatjana Lackner) ... 227

Kapitel 28: Kontrolle – auf die Dosis kommt es an
(Nika Triebe) 237

Kapitel 29: Zeitreligion light (Tatjana Lackner)......................... 247
Zeit Light-Methode 251

Kapitel 30: Wer Zeit plant, spart (Nika Triebe) 255
Erfolgsmanager sind „Kommunikatoren" 256

Kapitel 31: Viele Binsenweisheiten führen in die Glücksfalle (Tatjana Lackner) 261

Kapitel 32: Es irrt der Mensch, solang er strebt (Nika Triebe) 269

Kapitel 33: K9-Karussell – Ihre Unternehmens-navigation, Teil 2 (Tatjana Lackner) 277

Anhang 295
Die Schule des Sprechens 295
Literatur 299
Index 301

Kapitel 1

Check Yourself!

Auf den ersten Blick wirkt es wenig nachvollziehbar, was am „Chef-Sein“ so schwierig sein soll. Dennoch existieren mindestens so viele Bücher über Führung, wie schlechte Vorgesetzte weltweit.

Je häufiger Sie Führungsabläufe auf hohem Niveau abwickeln, desto routinierter werden Sie. Nachteil: auch Routinefehler schleichen sich schneller ein. Beim folgenden Selbstcheck geht es vor allem darum, wie oft die angeführten Fähigkeiten in Ihrem Alltag zum Einsatz kommen.

Vergleichen Sie die wichtigsten **12 Leading Skills** mit Ihren eigenen Fähigkeiten und schätzen Sie sich von 1–10 ein!

Wenn z. B. die Eigenschaft „Improvisieren“ im letzten Monat selten Thema war, dann geht Ihre korrekte Selbstbeurteilung über das ersten Drittel der Skala (1–3) nicht hinaus. Haben Sie in dieser Zeit besonders häufig delegiert und die Ergebnisse regelmäßig kontrolliert, dann werden Sie Ihr Kreuz im letzten Drittel der Beurteilungsskala machen (7–10).

Der Stolperstein in 9 Sekunden: Vorgesetzte, die sich nur von Coachs und bezahlten Strategen beurteilen lassen, verlernen sich selbst zu korrigieren. Wer Divergenzen zwischen Fremd- und Eigenbild nicht reflektiert, macht sich von anderen abhängig.

Check Yourself!

Haben Sie diese Fähigkeit?	Situationen im Führungsalltag:	Häufigkeit:
1. Delegieren	– Eine Aufgabenstellung eindeutig formulieren. Wichtig: beim Übertragen von Befugnissen, um dem „Rückwärtsdelegieren" zu widerstehen. – Dem Mitarbeiter die Problemlösung nicht abnehmen.	0 5 10
2. Harmonisieren	– Verbindendes vor Trennendes stellen. Teammitglieder mit gegensätzlichen Betrachtungsweisen konstruktiv verbinden. – Kompromisse finden und Stimmungsschwankungen im Team austarieren.	0 5 10
3. Improvisieren	– Ohne Vorbereitung brillieren. – Spontan auftretenden Problemen mit praktischen Lösungen begegnen: Kreative Intelligenz als Überlebensstrategie.	0 5 10
4. Inszenieren	– Auch in Meetings einen dramaturgischen Ablauf verfolgen und die nötige Atmosphäre bzw. Spannung erzeugen.	0 5 10

Check Yourself!

5. Intervenieren	– Gefahrenszenarien aufzeigen und vor Engpässen warnen. – Defizite und Mankos bildreich ansprechen. – Eingreifen, damit die vereinbarte Richtung beibehalten wird. – In Konfliktsituationen intervenieren.	0 … 5 … 10
6. Investieren	– Sowohl in Mitarbeiter als auch in den Standort investieren. – Alles was die Marke nach innen und außen vertritt, ist wert, finanziell unterstützt zu werden.	0 … 5 … 10
7. Kontrollieren	– Angestrebte Resultate sichern und diplomatisch kontrollieren: • Stich-Proben • Ergebnis-Proben • Selbst-Proben	0 … 5 … 10
8. Organisieren	– Projekte planen und realisieren. – Anforderungen präzisieren. – Etappen schrittweise anleiten.	0 … 5 … 10
9. Priorisieren	– Prioritäten richtig einschätzen und Projekte vorziehen.	0 … 5 … 10

Check Yourself!

10. Verbalisieren	– Sich auf schwierige Gespräche vorbereiten. – Killerphrasen schon im Geiste kontern. – Gegenargumente bedenken. – Rededesign und Sprechstruktur festlegen, auf die eigenen Sympathiefaktoren achten. – Knapp und knackig formulieren.	0 – 5 – 10
11. Visualisieren	– Zukunftsszenarien ersinnen. – Zeitlich Raum schaffen für Luftschlösser und Idealzustände. – Sich Handlungen konkret vorstellen erhöht die Chancen der Umsetzung. – Neue Wege und Lösungen können Sie mit dieser Fähigkeit bildlich leichter darstellen.	0 – 5 – 10
12. Subsumieren	– Inhalte aufbereiten: logisch, chronologisch, sachlich und nachvollziehbar.	0 – 5 – 10

Jede der angeführten Fähigkeiten brauchen Sie im Zuge einer gelungenen Arbeitswoche mehrfach. Zum Beispiel:

Gemeinsam mit Mitarbeitern neue Produkte zu kreieren erfordert ein hohes Maß an Kreativität und Visualisierungsfähigkeit. Das erste Telefon, bei dem gesprochene Töne mit Strom übertragen wurden, hat *Philipp Reiss* entwickelt. Hätte er es sich nicht bildhaft vorstellen können, wir würden heute kaum mit dem Handy herumlaufen.

In Besprechungen wiederum ist das Prioritäten setzen gefragt und die Fähigkeit, Ziele genau festlegen zu können. Doch Überblick schaffen und Handlungskompetenz haben, reicht oft noch nicht aus. Schließlich braucht der Tüchtige auch Eigenmarketing, wie uns der Fall von *Thomas Edison* lehrt: Kennen Sie den Erfinder der Glühbirne? Nein, es war nicht *Thomas Alva Edison,* wie die Welt glaubt.[1] Die Glühbirne wurde 1854 von *Heinrich Goebel* (1818–1893) erfunden, einem nach Amerika ausgewanderten deutschen Uhrmacher. Er ist einer mehr auf der Liste jener traurigen Erfinder, die es nicht verstanden, ihre Entdeckung publik zu machen – ganz im Gegensatz zu *Thomas Alva Edison* (1847–1931), der rund 20 Jahre später eine ähnliche Birne erfand. *Heinrich Goebel* dagegen konnte sich erst vor seinem Tod gerichtlich gegen Edison durchsetzen. Seiner völlig verarmten Witwe wurden wenig später Goebels Patente wieder abgekauft.

---

[1] *Pöppelmann:* 1000 Irrtümer der Allgemeinbildung, 2007.

Das Be Boss-Logbuch

„Moment, das Thema hatten wir doch schon mal ...?" Mit den Problemen sind schnell auch die Lösungen vergessen. Dabei wurden auf viele Fragen schon einmal praktikable Antworten gefunden. Täglich müssen sich Führungskräfte auf neue Situationen und Menschen einstellen. Leicht gehen Lösungen oder Verhaltens-Patente verloren, die sich bereits bewährt haben.

Ein **Logbuch** schafft Abhilfe und nützt gleich auf mehreren Ebenen: Es dient als interne Enzyklopädie für Fallbeispiele und dokumentiert, wie sich die Unternehmensthemen im Laufe der Zeit verändern. – So gesehen ist es auch ein praktikabler Kompass für den Kurs einer Firma. Den Befugten erlaubt dieses Kompendium Einblicke ins Reich der Entscheidungen – ähnlich einem Kochbuch werden hier gelungene Rezepte gesammelt. Für zukünftige Partner, Führungs-Azubis oder gelehrige Assistenten ist diese Sammlung die beste Lernhilfe. Es unterstützt dabei:

- interne Zusammenhänge zu verstehen und
- kreative Führungsstrategien – aber auch
- Zweifel – näher kennen zu lernen.

Logbuch führen ist in vielen Branchen sogar Gesetz – z. B. beim Militär oder in der Schifffahrt. Schon seit vielen Jahrhunderten halten Eroberer,

Entdecker, Heerführer und Mediziner Nennenswertes fest. So stellt das Bordbuch von *Christoph Kolumbus* ein faszinierendes Schriftstück der Menschheitsgeschichte dar.

Bestimmt sind die täglichen oder wöchentlichen Einträge der Manager weltweit nicht ganz so aufregend, aber signifikant für die jeweiligen Führungsstile. Mancher gewinnt beim Zurücklesen und -blättern sicher auch therapeutische Erkenntnisse über das eigene Arbeitsverhalten. Wie bei einem Tagebuch wirkt der Prozess, markante Erlebnisse niederzuschreiben, psychisch reinigend. Neue Stolpersteine werden sichtbar – Sie können dadurch schneller auf Fehlentwicklungen reagieren!

Gesicherte Daten

Sie können ein Buch anlegen oder auch eine elektronische Datei. Dieses File wird bei Bedarf mit codiertem Zugang bzw. Passwort versehen, um es vor unbefugtem Zugriff zu schützen.

Hier werden weder brisante Safekombinationen, Firmencodes noch geheime Konten schriftlich verwaltet, darum ist die Gefahr des Missbrauchs überschaubar.

Was wird alles dokumentiert?

1. interne Abläufe, kreative Kombinationen, Strategien, ...

2. heikle Situationen und Lösungen, Reparaturanleitungen, Krisenabwehr, ...

3. Checklisten, Aktennotizen, informelle Vereinbarungen

4. bewährte Verhaltensweisen, interne Rituale, standardisierte Prozesse, ...

5. konkrete wiederkehrende Problemstellungen und Sorgen, ...

6. Visionen, Anekdoten, Ergebnisse, neue Ideen, Fallbeispiele, ...

BE BOSS TRAINING 1

Wie sieht das Resultat Ihres Selbstchecks aus? Welche Fähigkeiten sind bei Ihnen schwächer entwickelt als andere?

Führen Sie Logbuch!

Machen Sie während der nächsten Zeit regelmäßig Notizen zu Ihrem Alltag. Legen Sie in Ihrem PC oder Laptop eine persönliche Datei an, die Sie vor unbefugtem Zugriff schützen. Für manchen Tageseintrag brauchen Sie nur einen Satz, andere sind Ihnen vielleicht einen ausführlicheren Bericht wert. Am Ende werden Sie das Potenzial des Logbuches schätzen. Ein Versuch lohnt sich!

Kapitel 2

Führen versus Managen

Leistung ist wohl das wichtigste Kriterium, um die Karrieretreppe hinaufzusteigen. Nach dem Freudenrausch folgt rasch der Alltagskater: Die Aufgaben des Managers unterscheiden sich deutlich von den Anforderungen an die Führungskraft. Weit verbreitet ist noch immer der Glaube, man könne sich die notwendigen Fähigkeiten einfach sukzessive durch Praxis aneignen. Doch das ist ein Mythos; also eine wunderbare Geschichte, die dazu verführt, durch die rosa getönte Brille Wunsch für Realität zu halten.

Wer den Wandel vom Manager zur Führungskraft schaffen möchte, ist aufgefordert, auch seine Kompetenzen aktuell zu definieren. Es gilt, weniger auf bewährte Muster zu bauen, sondern vielmehr neue Fähigkeiten – manchmal auf Kosten des Altbewährten – zu gewinnen.

Bereits in den 1960er und 1970er Jahren entbrannte in den USA eine hitzige Diskussion über den Unterschied zwischen Headship und Leadership, die noch immer nicht verklungen ist. Unsere Arbeitswelt ist geprägt

Der Stolperstein in 4 Sekunden: Wer Menschen managt, verliert die Führung! Wer nur führt und nicht managt, den Auftrag!

von Projekten, Organisationen und Divisionen; überall ist zielführendes Management ein klares Qualitätskriterium. Doch Management hat die Hauptaufgabe, Strukturen, Systeme und Techniken ins Leben zu rufen und zu steuern. Scheinbar in Gegensatz dazu steht Führung, hier geht es vorrangig darum Menschen zu lenken. Vertreter des „New Leadership Approach" haben sich bemüht, Differenzierungskriterien zu erheben.[2]

Managen	Führen
verwalten	Innovationen schaffen
erhalten	entwickeln
auf Systeme fokussiert	auf Menschen konzentriert
kurzfristige Erfolge zählen	langfristig denken
fragen nach wie und warum	fragen nach was und warum
die Bilanz im Auge haben	die Vision im Herzen tragen
imitieren	kreieren
rational und kontrolliert agieren	begeistern und begeistert sein

Führen Sie Menschen und managen Sie Prozesse!

Verkürzt ausgedrückt bedeutet das nach dieser Definition: Manager machen Dinge richtig und Führungskräfte machen die richtigen Dinge. Sicher ist nicht jeder Manager automatisch auch Führungskraft. Die Realität

[2] *Neuberger*: Führen und führen lassen, 2002.

zeigt, dass die Grenzen zwischen reinem Management und Führung in unsere Arbeitswelt verschwimmen.

Was nützt es einer Projektmanagerin, die strategischen Aufgaben perfekt zu beherrschen, wenn sie nicht über die Fähigkeit verfügt, ihr Team zum Ziel zu führen. Im Gegensatz dazu ist der CFO eines börsenotierten Unternehmens nicht automatisch Führungskraft.

Auch wenn Sie noch nicht in der Beletage des Unternehmens Ihren Schreibtisch haben, ist es wichtig, die Vision und die Ziele (Kapitel 13) des Unternehmens nicht nur mitzutragen, sondern auch mitzuentwickeln – also Kernaufgaben des Führens zu beherrschen. Die Karriereleiter zu erklimmen bedeutet mehr als nur die Arbeit produktiv und effizient zu verrichten. Das wiederum wäre ein wesentliches Merkmal des Managens. Die Fähigkeiten und Fertigkeiten von Managen und Führen wachsen folglich zusehends zusammen. Die Konsequenz daraus: Es gilt, mehr als nur fachliche Kompetenzen zu erwerben!

Die Führungs-DNA

Führungs-Kompetenz	Kommunikations-Kompetenz
Ideen, Visionen, Ziele entwickeln	Strategie und Etappenziele kommunizieren, checken
Richtlinien geben, Methoden, Orientierung	Weitererzählwert, nachvollziehbare Kernthesen, sprachliche Bilder & Analogien, Storytelling & konkrete Beispiele
Methoden – Kompetenz, Umgang mit Fehlschlägen	Umgang mit verbalen Untergriffen und Manipulation, Hiobsbotschaften überbringen
Motivationskraft, Entscheidungsfreude, Mut, Klarheit, Glaubwürdigkeit	Sich positionieren, schlüssige Argumentation, Stringenz der Gedanken, Wortschatz
Ressourcen-Management, Kontrollieren und Delegieren	konstruktive Atmosphäre schaffen, Zuhören, Feedback geben und annehmen
Verantwortungsbewusstsein, Vorraussetzungen kennen, moralische Integrität, Blick für Umstände	Auftreten, Stil, Haltung, Stimme, Gestik, Mimik, Sprache

- Koordination
- Diszi
- Effektivität
- Identifikation
- Kontrolle
- Entscheidungskraft
- Verantwortung
- Administration
- Kommunikation
- Motivation
- Ziele setzen
- Konfliktlösung
- Commitment

BE BOSS TRAINING 2

1 Ergänzen Sie dieses Begriffsnetz zum Thema Führung!

Koordination

Disziplin

Effektivität

Identifikation

Kontrolle

Entscheidungs-
kraft

Verantwortung

Administration

Kommunikation

Motivation

Ziele setzen

Konfliktlösung

Commitment

Kapitel 3

Vom Kollegen zum Chef

Wenn jemand aus dem eigenen Team Chef wird, ist die Situation für alle Beteiligten mit Herausforderungen und neuen Spielregeln verbunden. Bisher waren Sie eingeweiht in die kleinen Lästereien gegenüber der Chefetage. Jetzt gehören Sie nicht mehr dazu, sondern sind selbst Teil des Establishments im Unternehmen. Sie wissen noch eine ganze Menge über die Menschen, mit denen Sie bis vor kurzer Zeit auf gleicher Ebene gearbeitet haben, das macht Sie gefährlich. Wichtig ist für Sie, in erster Linie Vertrauen zu bilden. Zeigen Sie deshalb, dass Sie dieses Wissen nicht ausnützen und um die Potenziale der Kollegen recht gut Bescheid wissen. Schaffen Sie in Mitarbeitergesprächen (■■■ Kapitel 22) gemeinsam realistische Perspektiven.

Eignen Sie sich die notwendigen Führungstools rasch an und informieren Sie Ihr Team auch über Ihre eigenen Weiterbildungs-Maßnahmen.

Der Stolperstein in 10 Sekunden: Den Rollenwechsel vom Kollegen zum Vorgesetzten unterschätzen viele. Kollegialität und Autorität unter einen Hut zu bringen ist sowohl für männliche als auch weibliche Führungskräfte schwer.

Wer seinen Mitarbeitern zeigt, dass sich Führung nur durch harte Arbeit an sich selbst erreichen lässt, gibt Neidern weniger Boden.

Es fehlt Ihnen unter Umständen in den ersten Monaten an Fellwärme, da der kollegiale Umgang und die teaminternen Kommunikationskreise sich plötzlich vor Ihnen verschließen. Das Gefühl *„zwischen den Stühlen zu sitzen"* wird häufig von Vorgesetzten, die ehemals Kollegen waren, beschrieben. Auf Ihrer neuen Organigramm-Ebene sind gute Freunde noch rar und die Mitarbeiter behandeln Sie reserviert und unsicher. Wichtig ist, diese Situation anzusprechen und an der eigenen Positionierung zu arbeiten. Teambesprechungen und Jour fixe geben Ihnen Gelegenheit, die neue Beziehung zu klären. Vorsicht jedoch mit eiligen Versprechungen, nur um Harmonie herzustellen!

Auch der Umgang mit älteren Mitarbeitern aus der Führungsebene gestaltet sich mitunter schwierig. Versuchen Sie die „alten Hasen" als fachliche Mentoren zu gewinnen und geben Sie ihnen Raum für Gestaltungsvorschläge. Bemühen Sie sich um die nötige Balance zwischen Nähe und Distanz. Im Negativfall ist Rollendiffusion die Folge.

Übernahme-Workshop

Veranstalten Sie als Auftakt Ihrer Führungsbestellung eine Klausur mit den ehemaligen Kollegen. Sprechen Sie dort offen über Ängste, Erwartungen und gemeinsame Zielsetzungen. Spielregeln lassen sich in entspannter Atmosphäre leichter aufstellen als unter dem Druck des Tagesgeschäfts. Dieser Übernahme-Workshop ist leicht und kostengünstig zu gestalten. Er dient für alle im Unternehmen symbolisch als Markierung Ihres Führungsstarts.

Leitende Leidensgenossen

Erfahrungsaustausch hilft immer. Knüpfen Sie Kontakt mit anderen leitenden Kollegen und bauen Sie ein Netzwerk auf. Nicht alle Gesprächspartner müssen aus dem gleichen Unternehmen kommen, manchmal tut es gut, mit anderen führenden Leidensgenossen zu reden. Es ist wichtig, dass Sie sich nicht isoliert fühlen und aktiv neue berufliche Freundschaften auf Ihrer Ebene aufbauen. (Kapitel 18)

Hier sind die 14 häufigsten Führungsfehler:

1. Management by Happening

Sie erklären das Resultat zum Ziel.

Eine tendenziell männliche Eigenschaft ist, das abweichende Ergebnis als neues Ziel zu verkaufen. Bestimmt ist es gut, unvorhergesehenen Situationen auch Positives abgewinnen zu können, aber die eigenen Mitarbeiter merken, ob der Ex-Kollege mogelt, um als neuer Chef besser dazustehen. Die Gefahr, dass die Teammitglieder es ihm gleichtun – bei der nächsten kleinen Niederlage –, ist groß.

2. Management by Jeans

Sie setzen an alle wichtigen Stellen Nieten.

„Den hat sich der Chef doch nur geholt, damit er einen Ja-Sager mehr an seiner Seite hat."

Üblicherweise empfinden sich Führungskräfte als Häuptlinge und dulden im eigenen Reich sicherheitshalber keine weiteren, lieber haben sie Indianer. Leider führt das gerade am Anfang der Führungstätigkeit dazu, dass wichtige Stabsstellen mit wenig charismatischen Leitern besetzt werden. Die ehemaligen Freunde aus dem Team werden mit neuen Aufgaben bedacht, ungeachtet ihrer tatsächlichen Qualifikation.

Das entmutigt emporstrebende Mitarbeiter und ist strategisch unklug. Je stärker eine Mannschaft aufgestellt ist, umso besser für das Geschäft. Jeder arbeitet gerne unter einem Chef, von dem man etwas lernen kann. Insofern bindet gutes Mentoring junge Mitarbeiter länger an das Unternehmen.

3. Management by Bumerang

Sie sind ständig in Bewegung und kommen doch nicht voran.

Viele Führungskräfte können Aufgaben nur schlecht abgeben und ertrinken im Meer der unerledigten Projekte. Vor lauter Arbeit auf dem Schreibtisch und Besprechungen im Job gerät nicht nur das Privatleben, sondern auch die eigene Souveränität in Mitleidenschaft. Gemessen werden Sie als Chef daran, was Sie weiterbringen und wie sehr Sie Ihre Truppe motivieren können. Um die ehemaligen Kollegen ins Boot zu holen, sind klare Projektabsprachen notwendig. Delegieren ist schwer, besonders am Anfang. Noch schwerer fällt es vielen zu kontrollieren (Kapitel 28). Die Überprüfung der vereinbarten Tätigkeiten und Deadlines ist zeitaufwendig und vor allem unbequem. Gerade zu Beginn Ihrer Führungstätigkeit fällt es schwer, Ex-Kollegen zu sanktionieren. Mitarbeiter durchschauen aber, ob Konsequenzen nur angedroht oder auch gesetzt werden. Die „Entweder-Oder-Falle“ lauert: Entweder jemand macht etwas – oder … ??

Besser:

- Konkretisieren Sie, was bis wann und von wem erledigt werden soll.
- Wie sieht andernfalls Ihre konkrete Konsequenz aus?

4. Management by Babysitter
Wer am lautesten schreit, bekommt Ihre Aufmerksamkeit.

Besonders Frauen haben Verständnis für Befindlichkeiten und sind auch selbst nicht zu feig, um über Emotionen im Job zu sprechen. Problematisch wird es allerdings dann, wenn die „Problemkinder" im Team mehr Aufmerksamkeit und Unterstützung bekommen, als die anderen. Natürlich möchte man Schreihälse und Stänkerer beruhigen. Als Chef dürfen Sie sich dadurch nicht aus dem Lot bringen lassen oder diesen Teammitgliedern eine Sonderbehandlung einräumen. Ihre Führungskompetenz steht auf dem Spiel.

Besser:

- Klar kommunizierte Regeln müssen etabliert werden.
- Ermutigen Sie besonders die „stillen Wasser" sich in Besprechungen einzubringen.
- Signalisieren Sie, dass Ihnen Lösungen grundsätzlich wichtiger sind als Probleme.

5. Management by Leading Strings

Sie bevormunden Ihre Mitarbeiter und beobachten Arbeitsabläufe voller Misstrauen.

Mitarbeiter wollen Fehler machen dürfen. Ein Chef, der jeden Fehler ankreidet und darauf mit Argwohn reagiert, verunsichert seine Mannschaft. Gesundes Misstrauen hat nichts mit ständigen Verdächtigungen zu tun. Bieten Sie Mitarbeitern Entscheidungs- und Handlungsfreiräume. Sie brauchen einen Chef, der ihnen im Zweifelsfall mit Rat und Tat zur Seite steht – und sie dann wieder in Ruhe lässt. Niemand möchte unter ständiger Kontrolle (Kapitel 28) arbeiten.

6. Management by Top Secret

Sie hüllen sich in Schweigen und fördern die Geheimniskrämerei.

Mitarbeiter wollen wissen, was in der Firma los ist. Sie verstehen ihren Chef als Informationsbroker, erwarten Offenheit von ihm. Je klarer über Erfolge und Probleme gesprochen wird, umso weniger Raum haben Spekulationen. Wenn Sie die Informationen jedoch nur einigen ausgewählten Mitarbeitern zukommen lassen, entstehen Spannungen, das Team zerfällt.

7. Management by Mommy's Darling

Sie protegieren Ihre Lieblinge.

Fairness und Gleichberechtigung bilden das Rückgrat der Unternehmenskultur. Ein guter Chef muss absolut gerecht sein. Besonders in heiklen Bereichen wie der Gehaltsgestaltung. Nur den „Lieblingen" Weiterbildung zu ermöglichen oder nur ihnen Zeitausgleich zu erlauben, ist schlecht für das Klima und schadet Ihrer Führungsreputation.

8. Management by Moods

Sie werden als launenhaft und unberechenbar eingestuft.

Mitarbeiter wollen wissen, woran sie sind: Bestimmt die Tagesstimmung des Chefs die Umgangsform mit den Kollegen, versiegt die Arbeitsfreude. Niemand möchte mit einer Leitfigur arbeiten, die selbst von Befindlichkeiten geschüttelt wird. Das gilt auch für positives und negatives Feedback.

9. Management by Kangaroo

Sie wirken durch Ihren Arbeitsstil sprunghaft.

Springen Chefs ohne nachvollziehbare Gründe planlos, unstet und ungeduldig von Ziel zu Ziel, fällt die Leistung der Mitarbeiter ab. Begeisterung und Bestleistung hängen eng zusammen. Motivation[3] (Kapitel 8) bringt Ihre Leute in Bewegung – Inspiration dagegen sorgt dafür, dass die Leute sich von selbst bewegen.

10. Management by Muzzle

Sie machen Mitarbeiter mundtot und verordnen Maulkörbe.

Mitarbeiter haben etwas zu sagen. Doch sie wollen sich nicht nur mitteilen. Sie wollen mitreden. Kluge Vorgesetzte wissen: Leistung entwickelt sich im Dialog, Monologe töten jedes Engagement.

---

[3] Vgl.: *Bass; Avolio,* 2002; *Kaspar,* 2000.

11. Management by Blinders
Sie haben Scheuklappen auf.

Mitarbeiter wollen Neues testen. Ihre Ideen sind zeitweise eigenwillig, unorthodox und außergewöhnlich. Vorgesetzte, die nach dem Motto *„wir haben das immer so gemacht"* stur in eine Richtung laufen, blockieren die Kreativität ihrer Mitarbeiter. Scheuklappen-Denker in der Führungsetage sind unbeliebt.

12. Management by Smartypants
Sie neigen zur Schlaumeierei.

Mitarbeiter tasten sich an Lösungen heran. Nichts steht ihnen dabei mehr im Weg als ein besserwisserischer Vorgesetzter. Mitarbeiter wollen Unterstützung, doch sie wollen keine Chefs, die ihnen die Welt erklären und dabei auch noch das letzte Wort haben.

13. Management by Chicken
Sie wirken entscheidungsschwach und feig.

Mitarbeiter legen Wert auf eindeutige Aussagen, zügige Entscheidungen und Risikobereitschaft. Sobald sich ihre Vorgesetzten aus Angst, taktischer Vorsicht oder machtpolitischem Kalkül bedeckt halten, reagieren sie mit Dienst nach Vorschrift. Bei führungsschwachen Angsthasen bleiben Kreativität und Engagement auf der Strecke.

14. Management by Diva
Sie zelebrieren Ihre Wichtigkeit.

Wie „inszenieren" Sie Ihre Auftritte? Werden Sie abgeschirmt von einer ganzen Horde ... Mitarbeitern ... Bürotüren ... der Sekretärin? Wer führen will, braucht Nähe! Es geht auch ohne Anbiedern oder ständige Präsenz. Mitarbeiter sind stark von ihrem Umfeld abhängig. Sie brauchen Anerkennung von ihren Kollegen und ihrem Chef. Sie sind bereit, den Erfolg als Gemeinschaftsergebnis zu akzeptieren, reagieren aber mit abrupter Leistungsverweigerung, wenn sich ein Gruppenmitglied, insbesondere der Vorgesetzte, in den Vordergrund spielt.

BE BOSS TRAINING 3

Überlegen Sie, welche Führungskräfte Sie bereits kennen oder zum Erfahrungsaustausch kennen lernen wollen. Wie könnte ein Übernahme-Workshop in Ihrer Situation aussehen?

Ihre Strategie

- ....
- ....
- ....
- ....
- ....
- ....
- ....
- ....
- ....
- ....
- ....
- ....

Eigeninitiativen

- Veranstaltungsassistenten ernennen,
- Ort bestimmen,
- Zeitraum definieren,
- inhaltliche Vorbereitung bzw. Präsentation zeitlich einteilen,
- Organisation vor Ort delegieren (Übernachtung, Verpflegung etc.),
- Rahmenprogramm überlegen,
- technische Ausstattung checken,
- Gestaltung der Aussendung an die geladene Teamkollegen,
- Aussendung der Klausur-Ergebnisse als Reminder

Kapitel 4

Be Boss – not bad Boss!

Statistisch betrachtet lästert ein Arbeitnehmer vier Stunden pro Woche über seinen Vorgesetzten. *Ian Donnan,* ein findiger, wohl vom Leid gebeutelter Arbeitnehmer, schuf als Frust-Schutz die Internet-Plattform „badbossology.com" und traf damit den Nerv vieler Leidensgenossen. Hier können sie Schikanen, Ungerechtigkeiten und Eigenarten ihres bösen Chefs diskutieren und gleichzeitig Tipps und Tricks zur Selbstverteidigung im Büroalltag einholen.

Die Homepage liefert einen eindrucksvollen Einblick in die Untiefen des Chefseins! Little Shop of Horror – ausschließlich überdrüssige Arbeitnehmer nutzen diese Plattform; keiner der Vorgesetzten würde sich hier jemals zu Wort melden.

Gerade deshalb gibt diese Seite so einen wunderbaren Überblick über die schlimmsten Führungsfehler. Das beginnt bei: *„Mein Chef stinkt"* – sicher kein klassischer Führungsfehler, aber als Identifikationsikone fällt

Der Stolperstein in 10 Sekunden: Auch Führungskräfte sind nur Menschen, doch wenn sie nicht wissen, wie ihre Mitarbeiter hinter dem Rücken über sie sprechen, werden sie schnell zu Monstern. Mit welchen Killerphrasen arbeiten Sie?

dieser Chef definitiv aus – und findet einen klassischen Höhepunkte bei: *„Mein Boss ist ein echter Tyrann! Klappt etwas auf Anhieb nicht so, wie er es wünscht, brüllt er und lässt keine Nachfrage zu!"*

Das ernstzunehmende Problem entsteht erst, wenn der Mitarbeiter im Lauf der Zeit mit den Frustrationen umgehen lernt, geschickt potenzielle Krisengebiete umschifft und sich arrangiert. Die Arbeit ist ok, die Bezahlung angemessen und der Chef wird sich sowieso nicht mehr ändern. Die Konsequenz dieser Resignation: Fehler werden verschwiegen und wertvolle Informationen, aus Angst in den Fettnapf zu treten, nicht mehr kommuniziert (Kapitel 24). Für Vorgesetzte ist ein Blick auf diese Homepage bestimmt aufschlussreich; entweder zur Gewissensberuhigung oder um vielleicht doch den einen oder anderen Punkt zu reflektieren.

Mehr als 1000 Angestellte hat der amerikanischen Professor *Harvey Hornstein* von der Columbia Universität in New York interviewt. Er wollte herausfinden, welche Auswirkungen Bad-Boss-Verhalten auf den Unternehmenserfolg hat. So kam er zu dem Ergebnis, dass es dieser Spezies vorrangig darum geht Macht auszuüben. Berserker-Bosse lassen ihre Launen gleichermaßen an starken wie schwachen Mitarbeitern aus; Frauen sind ebenso tyrannisch wie Männer. Die Opfer wiederum geben laut der Studie den Druck ungefiltert weiter: Kunden werden unfreundlich behandelt, Kollegen nicht mehr unterstützt. Die logische Folge: Kultur und Ruf des Unternehmens leiden.

Der Professor für Psychologie und Erziehung unterscheidet drei Spezies der Tyrannei:

Der **„Eroberer"** macht regelrecht Jagd auf den Mitarbeiter, um Zeichen der Schwäche zu entdecken. Wenn er dann die Achillesferse aufgespürt hat, greift er rachsüchtig an, zielt punktgenau, erniedrigt den Mitarbeiter und stellt ihn bloß.

Der zweite Typus nennt sich **„Performer",** auch hier ist der Hang den Mitarbeiter herabzusetzen groß. Anders als der „Eroberer" untergräbt er Angestellte, um seine eigene Unfähigkeit zu verdecken. Jeder Widerspruch löst bei diesem Bad-Boss-Typus Zorn aus. Wohlgemeinte und vorbereitete Argumente verfehlen ihre Wirkung. Er ist bekannt für seine Launenhaftigkeit und damit völlig unberechenbar. Die beste Verteidigung ist, diesem Typus bewusst aus dem Weg zu gehen.

Der sanfteste unter den Tyrannen ist sicherlich der **„Manipulator".** Diese Art Chef hat Angst davor, das Rampenlicht teilen zu müssen. Er fürchtet um seine Position, wenn jemand anderer Anerkennung erhält. Niemals würde dieser Typus die Verantwortung für seine Fehler übernehmen. Das Wichtigste ist, die Macht zu behalten – darum gehört der Ideenklau genauso zum Repertoire wie das Schmücken mit fremden Federn. Zu gleicher Zeit jedoch spielt der „Manipulator" aber den Verbündeten des Mitarbeiters. Er scheint sehr an dessen Vorwärtskommen interessiert, ist stets liebenswürdig und oft sogar hilfsbereit. Wer ihn zum Boss hat, kann sich jedoch seine eigenen Karrierepläne abschminken.

Jede Führungskraft sollte die finsteren Seiten in sich suchen, denn in schwarzen Stunden könnten Mitarbeiter plötzlich Licht ins Dunkel bringen …

Information fließt, Feedback steigt

Gerade in großen Unternehmen klagen viele Mitarbeiter darüber, dass Sie von ihren Chefs nicht genügend Rückhalt bekommen. Wie loyal muss die Führungskraft ihren Mitarbeitern gegenüber sein? Ein Beispiel: Seit zwei Jahren ist Sandra verantwortlich für Marketing in einem mittelständischen Unternehmen. Beinahe genauso lange versucht Sie den Messeauftritt zu perfektionieren. Gerade der Marketingbereich hat in den letzten Jahren gravierende Veränderungen erfahren. Eine natürliche Folge der Tatsache, dass sich der Kunde via Internet informiert. Die Messe steht viel stärker als früher für Kundenbindung und Kundenakquisition. Sandra, keine Anfängerin in der Branche, überlegt ein sehr spritziges Konzept. Auch ihr Chef scheint im Vieraugen-Gespräch höchst angetan von der Idee. Im nächsten Schritt muss noch die Unternehmensleitung überzeugt werden. Bei diesem Treffen ist die Marketingleiterin nicht geladen. Keiner weiß, mit welchen Argumenten ihre Idee präsentiert und in den Sand gesetzt wurde. Sicher ist nur, die Unternehmensleitung winkt deutlich ab. Da unsere Protagonistin vorrangig an ihren Chef reportet, erfährt sie auch nicht, welcher Teil ihrer Idee hätte modifiziert werden müssen, damit doch noch ein für alle befriedigendes Resultat entsteht. Eine ganz herkömmliche Alltagsgeschichte, sicher keine große Sache und doch befinden wir uns schon mitten im Teufelskreis von Frustration und Misstrauen.

Wer Boss sein will, muss den Mut haben auch Feedback einzufordern. Wer Boss ist, hat die Verpflichtung, alle relevanten Informationen – vor allem unternehmensstrategische – an seine Mitarbeiter weiterzugeben.

Was passiert, wenn der Kreislauf nicht beachtet wird? Zwei oder drei Rückschläge dieser Art kann und muss jeder wohl verkraften. Treffen Ideen jedoch immer und immer wieder auf taube Ohren, wird der Mitarbeiter sich hüten, „selbstständig" zu denken. Die Schneid wird abgenommen, das Vertrauen in den Vorgesetzten sinkt, im schlimmsten Fall verpasst das Unternehmen den Anschluss und hinkt dem Mitbewerb bald hinterher. Innovation und Wachstum – kurz die Bausteine unternehmerischen Erfolgs – bleiben auf der Strecke.

Wann werden Sie zum Killer?

Gift für Selbstständigkeit und mutiges Denken sind Killerphrasen! Nach *Charles Clark*[4] sind Killerphrasen Totschlagargumente, sie sollen Widerspruch verhindern und en passant das Gegenüber herabsetzen. Jeder von uns ist mal Täter und mal Opfer! Ja, auch Sie! Durch Killerphrasen setzten Sie Ihr Visavis herab, verunsichern, stellen bloß und machen mundtot.

4 *Charles Hutchison Clark* (* 14. Juni 1920) ist Autor und Management-Theoretiker.

Top-Killerphrasen bei Vorgesetzten:

1. *Das haben wir immer schon so gemacht!*
2. *Sie immer mit Ihren Ideen!*
3. *Dafür haben wir jetzt keine Zeit.*
4. *Das ist nicht wichtig.*
5. *Diese Entscheidung überlassen Sie mal lieber mir.*
6. *Dafür haben Sie zu wenig Erfahrung.*
7. *Das haben schon fähigere Leute als Sie nicht lösen können.*
8. *Ihre Ausführungen sind viel zu theoretisch!*
9. *Das ist bereits budgetiert.*
10. *Sie sollten aber schon wissen, dass …*

Solche oder ähnliche Phrasen haben Sie selbst sicherlich auch schon zu hören bekommen. Achten Sie als Boss darauf, nicht bossy zu werden und durch Killerphrasen neue Ideen zu zerstören. Sie werden auch daran gemessen, wie es Ihnen gelingt, ein offenes und konstruktives Klima in Ihrem Team zu schaffen.

Vielleicht witzig gemeint, aber genauso schwachsinnig sind Floskeln wie: *„Was kann ich gegen Sie tun?"* oder *„Sie schon wieder!"* oder *„Ich habe gerade zwei Minuten Zeit. Sagen Sie mir alles, was Sie wissen!"*. Letztes Negativbeispiel: *„Jetzt weiß ich, was mir heute gefehlt hat: Ihr Gesicht; ich konnte noch gar nicht lachen."*

Humor sieht anders aus!

BE BOSS TRAINING 4

1. Reservieren Sie in Ihrem Be Boss-Logbuch zwei Seiten für Killerphrasen! Eine für Totschlagargumente, die Sie mundtot machen, und die andere ziert die Überschrift: *„Mit welchen Killerphrasen arbeite ich?"*

2. Beantworten Sie folgende Fragen:

1. Wie reagiere ich, wenn ich zornig werde? Werde ich zynisch oder laut? Fresse ich den Ärger in mich hinein? ...

____

2. Wofür loben meine Mitarbeiter mich sicherlich NICHT?

____

3. In welchen Situationen fällt es mir schwer, fair zu sein?

____

4. Wie reagiere ich auf negatives Feedback meiner Crew?

____

5. Woran erkenne ich meine Macht?

____

____

Kapitel 5

Mundpropaganda

Wir reden heute von viralem Marketing. Das hat nichts mit Schnupfen zu tun. Es umfasst die Planung, Durchführung und Kontrolle von Marketing-Aktionen. Gezielte Mund-zu-Ohr-Propaganda brauchen Sie, um ein Unternehmen und seine Leistungen zu vermarkten. Den Namen verdankt die Metapher „virales Marketing" dabei der Schnelligkeit, mit der sich die Werbebotschaften wirkungsvoll und flächendeckend verbreiten lassen.

Mundpropaganda funktioniert vor allem auf zwei Ebenen:

Öffentlich
Persönlich

Der Stolperstein in 14 Sekunden: *„Qualität wird sich immer durchsetzen!"* ist zwar eine beruhigende Überzeugung. Der Unternehmer kann zum schnelleren Erfolg jedoch wesentlich beitragen. Gute Mundpropaganda ist besser als schlechte Werbung!

Medien sind Ihre Multiplikatoren!

Es ist sinnvoll, die Presse als Kooperationspartner zu verstehen und sich mit den Grundlagen des Journalismus vertraut zu machen. Oft wird man gebeten, schriftlich eine kurze Beschreibung des eigenen Produkts zu formulieren. Wichtiges muss dabei schon aus dem Titel hervorgehen, er macht neugierig auf das Nachfolgende. Bestimmt hilft es zu wissen, wie Ihr Aufhänger verfasst sein muss, um Medieninteresse zu wecken.

Außerdem lohnt es sich, eine Journalistenkartei anzulegen und Ressortleiter aus der Fachpresse zu recherchieren. Wer die Redakteure lockt, wird eher mit einem redaktionellen Artikel belohnt. Schließlich ist jede Pressemeldung Gratiswerbung für Sie! Bevor Sie sich eigeninitiativ an die Medien wenden, um sich vorzustellen, beantworten Sie die Fragen der Checkliste auf Seite 45.

Die öffentlichen Meinungsmacher zu begeistern ist nicht immer leicht, aber höchst wirkungsvoll. Hat der Redakteur das Gefühl, selbst eine interessante Dienstleistung entdeckt zu haben, wird Ihre kostenlose Präsenz zu einer ehrlichen Empfehlung an die Leser. Ein gekaufter redaktioneller Beitrag hat niemals diesen Effekt. Wichtig ist, sich genau zu überlegen, was das Neue an der eigenen Unternehmung ist und Anreize zu schaffen. *Was möchte ich, dass weitererzählt wird?* Viele freie Journalisten schreiben nicht nur für *ein* Medium und kennen ihrerseits wieder viele Kollegen – der perfekte Boden für Ihre Mundpropaganda! Gelungene PR ist kein Zufallsprodukt, sondern das Ergebnis harter Arbeit!

Die Weiterentwicklung des persönlichen Mund-zu-Ohr-Kreislaufes ist die digitale Mundpropaganda in Form von Weblogs. Die Verbindung der Begriffe Web und Log (Tagebuch) beschreibt ein Internet-Tagebuch – angereichert mit Bildern und Videos. Die User sind aufgefordert, im open-space ihre Meinung zu hinterlassen und eine Bewertung abzugeben. Diese öffentlichen Meinungsplattformen beeinflussen z. B. viele Leser beim Kauf. Gerade am Buchmarkt floriert das Geschäft mit den Meinungen.

Checkliste

Kontrollfragen für die Pressemeldung	**bereits recherchiert** ✔	**to do** ❢
Was ist das Besondere/Neue/Einzigartige an meiner Dienstleistung?		
Welche aktuellen Studien helfen meinen Geschäftszugang zu untermauern?		
Welche Medien konsumiert meine Käufer-Zielgruppe? In welchem Printmedium macht deshalb ein redaktioneller Beitrag Sinn?		
Welche Tipps biete ich den Lesern/Sehern/Hörern des Mediums?		
Habe ich eine aktuelle Liste der für mich relevanten Pressevertreter (z. B. Redaktion: Karriere, Bildung, Wissen und Fachpresse)?		
Wann finden die nächsten wichtigen Messen/Events etc. für meine Branche statt?		
Gibt es im Zuge der medialen Berichterstattung die Gelegenheit mich zu präsentieren?		

Wie werden Empfehlungsanreize geschaffen?

Alles was ein Mensch selbst ausprobiert hat, kann er besser beurteilen. Bieten Sie z. B. einem Journalisten eine Probe Ihrer Dienstleistung an, damit er sich persönlich ein Bild von Ihrem Leistungspotenzial machen kann. Oder laden Sie einen Prominenten ein, bei Ihnen zu testen. Bestimmt lässt sich Ihre PR-Geschichte so medial besser verkaufen. Sympathische Testimonials können eine wertvolle Unterstützung sein und die Mundpropaganda ankurbeln. Überall in der Welt sieht man Bars, Juweliere ... und Restaurants, die ihre prominenten Besucher auf einer Fotowand verewigen. Der zögernde Tourist fühlt sich in der Lokalauswahl bestätigt, wenn Bill Clinton, der Dalai Lama oder Brad Pitt auch hier gegessen haben. Keiner weiß, ob das freiwillig geschah. Vielleicht hatte einer der Promis eine Autopanne, der andere folgte einem Termin und der Dritte war einfach hungrig.

Wer öffentlich auftritt, wird öffentlich beobachtet!

Den meisten Geschäftsleuten ist es wichtig, einen guten Namen zu haben. Sie bemühen sich besonders Presseauftritte professionell zu machen. Üble Nachrede will niemand. Natürlich fällt das Urteil besonders hart aus, wenn Fauxpasses ausgerechnet im eigenen Kompetenzbereich passieren: Der stadtbekannte Benimmpapst, den man beim Nasenbohren in der Straßenbahn ertappt, ist ein gefundenes Fressen für die Klatschbörse. *Jürgen Höller*[5], Motivationstrainer in den 1990er Jahren, kann davon ein Lied singen. Die von ihm gegründete Inline AG sollte an

[5] *Jürgen Höller* (* 1963) ist Motivationstrainer in Deutschland. Bekannt wurde er durch die von ihm propagierten Ausrufe *„Tschaka"* oder *„Du schaffst es"*, die Schübe von Energie und Motivation liefern sollten. Er veranstaltet Seminare und wirbt für Positives

die Börse gehen und zum *„weltweit größten Konzern im Bereich Weiterbildung"* werden. Tatsächlich musste Höller jedoch 2001 Insolvenz anmelden. Die gesamte Seminarwelt konnte zusehen, wie der Erfolgsprediger an der eigenen Erfolgsformel scheiterte.

Persönliche Tipps als Lauffeuer

Flüsterpropaganda funktioniert in beide Richtungen: positiv und negativ. Genauso wie wir unsere Freunde und Verwandten vor einer überteuerten Gaststätte mit lausiger Küche warnen, loben wir auf der anderen Seite die neue Bar in der Innenstadt mit der chilligen Musik. Dabei werden Visitenkarten, Folder oder Links ausgetauscht. Was jemand aus unserem Bekanntenkreis z. B. im Urlaub persönlich positiv erlebt hat, wirkt erprobter und damit glaubwürdiger als die Beteuerungsarie des hoteleigenen Fernsehkanals. Wie ein Lauffeuer verbreiten sich die Nachrichten. Auch die negative Mundpropaganda ist nicht zu unterschätzen: So schnell, wie sich ein Grippevirus verbreitet und tausende Menschen erreicht – so schnell macht auch eine Beschwerde die Runde.

Im Optimalfall lösen viele kleine Tipps und Empfehlungen, die man von unterschiedlichen Seiten schon gehört hat, sogar Trends aus. Gerade im Dienstleistungssektor ist eine gewisse Form des Adabei-Tourismus erkennbar: Viele haben vom Star-Masseur gehört oder die persönlichen Statements zufriedener Kunden auf der Homepage gelesen: *„Meine*

Denken. Sein Motto lautet: *„Jeder Mensch kann alles erreichen, was immer er sich vorstellt. Er muss nur daran glauben."* Seine Methoden gerieten jedoch auch in die Kritik, sie wurden als „simpel" und „abstrus" charakterisiert. Am 8. April 2003 wurde Höller vom Landgericht Würzburg wegen Meineid, Untreue und vorsätzlichem Bankrott zu drei Jahren Haft verurteilt. Seit seiner vorzeitigen Haftentlassung versucht er ein Comeback.

Freundin war schon bei Ihnen und ist merkbar entspannter, auch mein Chef hat vor Jahren schon einmal ein Meditationswochenende bei Ihnen besucht. Ich habe mir gedacht, ich muss auch mal vorbeikommen." Es geht also gar nicht unbedingt um eine bestimmte Fertigkeit oder Einstellung, die der Kunde erlernen will, sondern um das Gefühl: Wer hier herkommt, liegt im Trend.

Gute Mundpropaganda ist sicher keine Glückssache. Was können Sie konkret machen, um weiterempfohlen zu werden? Die folgenden Anregungen unterstützen Sie bei Ihrem viralen Marketing und helfen, grundlegende Fehler zu vermeiden:

Tue Gutes und rede darüber!

Öffentliche Mundpropaganda

- Vertrauen Sie bei Ihrer öffentlichen Präsentation (Homepage, Flyer, Visitenkarten, ...) auf Profis – es lohnt sich!
- Sammeln Sie von Anfang an Beweise Ihres Erfolges! Erstellen Sie z. B. eine Pressemappe und legen Sie diese für Ihre Kunden auf. Oder senden Sie mit Ihren Mails den besten Pressebericht als Attachement mit.
- Suchen Sie nach Statistiken und Studien, die belegen, warum Sie mit Ihren Leistungen richtig liegen.
- Finden Sie Business-Plattformen im Internet mit interessanten Koalitionspartnern und Synergieträgern.
- Gehen Sie auf Journalisten zu und bieten Sie ihnen Kostproben Ihrer Dienstleistung. Suchen Sie stets neue kostenfreie Anreize für die Medien!
- Erhöhen Sie die Wirkung eines redaktionellen Beitrags durch ein Gewinnspiel, bei dem LeserInnen Ermäßigungen oder kleine Preise bekommen können.
- Nicht nur, was Sie anbieten, ist medial interessant, sondern auch wie Sie zu Lösungen kommen (z. B. technische Innovationen, vereinfachte Arbeitsschritte, Ressourcen sparende Prozesse, die Sie entwickelt haben etc.).

Tue Gutes und rede darüber!

Persönliche Mundpropaganda

- Informieren Sie Ihre Freunde und Familie! Begeistern Sie Menschen in Ihrem Umfeld für Ihre Ideen.
- Probieren Sie die Methode des „Storytelling“ selbst aus! Verpacken Sie Ihre Geschäftsidee in eine Geschichte.
- Fragen Sie prominente Kunden, ob sie als Referenz genannt werden wollen.
- Nehmen Sie an Wirtschaftswettbewerben teil – die PR kommt dabei von selbst.

Storytelling – schaffen Sie Bilder im Kopf!

Eine gute Möglichkeit auf die persönliche Mundpropaganda einzuwirken, ist die Methode des Storytelling: Inhalte werden durch gute Geschichten transportiert. Als eines der ersten Unternehmen hat sich der Kopiergerätehersteller Rank Xerox die Geschichten aus dem Leben von Servicetechnikern zunutze gemacht: Die kniffligen und teilweise kuriosen Fälle werden inzwischen über das Intranet verbreitet, was nicht nur die Neugier der Kollegen befriedigt, sondern auch auf unterhaltsame Weise Praxiswissen vermittelt. Selbst Mitarbeiter, die sonst Reparaturhandbücher und Datenbanken meiden, lesen die Geschichten mit großem Interesse. Storytelling hat also nichts mit erfundenen Anekdoten zu tun, sondern mit bildhaften Szenarien Ihres Berufsalltages, die Sie zur Verdeutlichung einsetzen. Je weitererzählbarer der konkrete Nutzen Ihrer Dienstleistung ist, umso schneller wird die Mundpropaganda entfacht.

Die Erwartungshaltung – eine Falle

Nicht alles, was Gold ist, glänzt, und nicht alles, was erzählt wird, ist wahr. Wie oft haben Sie sich schon darüber gewundert, dass eine angesagte

Adresse, die Ihnen bereits von mehreren Seiten empfohlen wurde, ein Flop ist. Haben die Menschen denn alle den gleichen schlechten Geschmack? Nein, es handelt sich um das Phänomen der zu hohen Erwartungshaltung!

Mundpropaganda arbeitet schnell und unselektiv – weil nicht sofort prüfbar. Oft verzerrt die subjektive Beurteilung des Erlebnisses, vergleichbar mit dem Kinderspiel „stille Post". Der Hype ist, wie zum Beispiel bei Popsternchen, auf der einen Seite gut, weil sich die öffentliche Aufmerksamkeit erhöht. Andererseits fallen überzogene Erwartungen schnell in sich zusammen, wie ein erloschener Stern im Universum. Spannend an diesem Phänomen ist vor allem die Kluft zwischen der

a) persönlichen Meinung des Einzelnen und

b) der publizierten Trendmeinung.

Die „ehrliche Einschätzung" wird oft erst unter der Hand erzählt oder zugegeben:
„Also wenn Du mich fragst, ich fand das dort gar nicht so berauschend. Aber vielleicht liegt das ja auch an mir!" Persönlichkeiten, die anders als der Mainstream empfinden, fühlen sich schnell als Außenseiter. Dabei gab es verdeckte Erfolge immer: In der Musikszene ist dieses Phänomen gut zu beobachten: Kaum jemand gab in den 1980er Jahren zu, *David Hasselhof*-Platten zu besitzen, *„Looking for Freedom"* war jedoch das meistverkaufte Album 1989. Ähnlich verhielt es sich mit den *Bee Gees, Modern Talking* und *Shakin' Stevens.* Öffentlich gab es eher eine Anti-Stimmung, verkauft wurden weltweit jedoch Millionen Tonträger.

BE BOSS TRAINING 5

Damit Ihre Mundpropaganda nicht dem Zufall überlassen wird:
In welchen Bereichen sollten Sie konkret noch nachrüsten?

Öffentliche Mundpropaganda	**Persönliche Mundpropaganda**

Kapitel 6

Interne Kommunikation

Ohne Kommunikation läuft gar nichts – zu viel Kommunikation macht manches kompliziert. Nein, damit sind nicht Liebesbeziehungen gemeint, obwohl es sicher Parallelen geben wird!

Viele unserer Kunden klagen darüber, dass sie jeden Tag Stunden in Meetings verbringen. Der eigentlichen Arbeit können sie erst nach Dienstschluss die nötige Aufmerksamkeit schenken. In diesen Unternehmen wird unpräzise und damit auch zu viel kommuniziert. Nicht nur die Arbeitsleistung, sondern auch das Klima leidet darunter. Wer für zehn Minuten relevante Information drei Stunden in einer Besprechung hockt, verliert leicht die gute Laune. Ein ganz wichtiger Grundsatz lautet also:

Relevanz der Inhalte + Input der Teilnehmer
positives Sitzungsergebnis

Der Stolperstein in 4 Sekunden: Unpräzise Kommunikation nagt an der Motivation!

Auf die Beziehung gemünzt würde es dann heißen: Das Thema muss genauso wichtig sein, wie die Meinung des Partners dazu.

Eine Frage der Unternehmenskultur ist, Meetings wirklich pünktlich zu beginnen. In manchen Firmen hat die unabgesprochene Sitte Oberhand gewonnen, cum tempore zu starten. Wer pünktlich erscheint, fühlt sich missachtet. Die „Zuspätkommeritis“ – ein fruchtbarer Boden für Machtspiele. Wer anderen Zeit stiehlt, positioniert sich scheinbar statushoch. Manche bilden sich ein, durch regelmäßiges Zuspätkommen auch zu demonstrieren, wie unabkömmlich und vielbeschäftigt sie sind. Zumindest in unserem Kulturkreis ist es ein Zeichen von mangelndem Respekt. Bis in die letzte Konsequenz gedacht, auch ein Signal für schlechtes Zeitmanagement. Die nächste Regel also:

Meetings müssen pünktlich beginnen und auch pünktlich schließen.

Die Beziehungs-Analogie dazu: Die Beziehungskultur zeigt sich auch daran, wie zuverlässig der Partner mit der gemeinsamen Zeit umgeht.

Noch schwieriger als der Start einer Besprechung ist das Ende.

Viele Meetings dauern zu lang und länger als geplant. So wird es unmöglich, pünktlich zur nächsten Besprechung zu kommen. Für uns liegt hier die Hauptverantwortung beim Moderator, also oft bei der Führungskraft. Mehrfach haben wir erlebt, dass Prozessdiskussionen – also die Frage *„Wie wollen wir vorgehen“* – den Meetingverlauf bremsen. Beim

Autofahren bespricht man auch nicht lange, ob die Kurve lieber mit dem dritten Gang oder dem vierten gefahren werden soll. Der Lenker bestimmt. Exakt das Gleiche gilt auch im Arbeitsalltag. Der Moderator ist dafür verantwortlich, im Vorfeld den optimalen Verlauf festzulegen. Die Praxis zeigt, dass nach ungefähr einer Stunde die Konzentration der Teilnehmer deutlich sinkt. Darum ist es sinnvoll, lieber weniger Themen konzentriert zu besprechen, als einen ganzen Berg in einem stundenlangen Meetingmarathon abzuarbeiten. Für Strategiesitzungen ist ein Workshop – vielleicht sogar mehrtägig – sicher besser geeignet als die Besprechung.

Dass das Handy lautlos geschaltet ist und SMS-Senden nur im Ausnahmefall geduldet wird, ist wohl völlig selbstverständlich.

Je klarer das Konzept, desto reibungsloser und wirkungsvoller die Besprechung.

Auch für Beziehungen gilt wohl: Während wir etwas tun, sollten wir nicht mehr darüber diskutieren, wie wir es tun. Alles hat seine Zeit.

Wachsam müssen Sie Diskussions-Schmarotzern gegenüber sein. Das sind Menschen, die nichts zur Besprechung beitragen und von den Ergebnissen profitieren. Außerdem gibt es Mitarbeiter, die nur darauf warten, dass es zur Prozessdebatte kommt. Die Folge: je mehr darüber gestritten wird, wie ein Projekt umgesetzt werden soll, umso weniger hat jeder zu leisten.

Teamsitzungen sind selbstverständlich auch dazu da, um die im Augenblick relevanten Probleme zu besprechen und Lösungen zu finden. Es ist jedoch sicher nicht die Bühne für Befindlichkeiten. Ohne klare Agenda und Zielsetzung für die Besprechung wächst die Gefahr, sich bei Nebenthemen zu lange aufzuhalten und so kostbare Zeit für das Wesentliche zu verlieren. Die schwierige Aufgabe des Moderators bleibt also, rasch zu entscheiden, ob und wie viel Raum er der nicht vorauszusehenden Angelegenheit schenkt. Hier gilt natürlich der Grundsatz „Störungen haben Vorrang". Doch Störenfrieden den Vorrang zu geben, geht auf Kosten der Laune und der Zeit der anderen Teammitglieder. Zielführend ist, sich das Problem kurz schildern zu lassen. Oft handelt es sich um einen Aspekt, der nicht für alle Anwesenden gleich relevant ist. Besser: die Angelegenheit in kleinerer Runde oder auch unter vier Augen zu besprechen. Signalisieren Sie Ihrem Mitarbeiter Interesse, nehmen Sie ihn ernst. Niemals darf der Eindruck entstehen, dass Sie, wenn es Spontaneität braucht, mit Überforderung reagieren. Ihre Mitarbeiter würden das Vertrauen verlieren oder wesentliche Informationen zurückhalten.

Wer sein Ziel kennt und kommuniziert, kann den Weg gestalten!

Für Beziehungen gilt wohl das Gleiche.

Jeder, der Kinder großzieht, weiß, wie wichtig klare Werte in der Erziehung sind. Schon bei der Wahl der Werte stellt sich das erste Problem. Wer von Innovation, Kundenorientierung oder Erfolgsorientierung als Grundwert spricht, hat häufig schon gewonnen. Die Negation dieser Begriffe hat Selbstbeschädigung zur Folge. Denn natürlich will kein Unternehmen in Verdacht geraten, rückständig, egozentrisch oder misserfolgsorientiert zu handeln. Wer nur Schlagworte und Parolen auf seine Fahnen heftet, die völlig selbstverständlich sind, schafft keine Identifikation. Der Mitbewerb ist in beinahe jeder Branche groß – ebenso, wie die Gefahr, dass Proforma-Werte[6] die Alleinstellung des Unternehmens mittelfristig schwächen – oder würden Sie sich mit dem gleichen Slogan auf den Markt werfen wie die Konkurrenz? Sorgfältig gewählte Grundsätze nützen gar nichts, wenn sie nicht mit der nötigen Konsequenz gelebt werden.

So wie Rituale bei der Erziehung den Rahmen für gelungenes Miteinander bilden, sind diese Regelmäßigkeiten auch für die Erwachsenenführung essenziell.

Welche Rituale sind das?

- Dem **Mitarbeitergespräch** ist ein eigenes Kapitel gewidmet, selbstverständlich ist dieses zumindest jährliche Vieraugengespräch ein gebräuchliches Herzstück.

- Der **Jour fixe** ist ein zeitlich begrenztes Meeting, bei dem die Agenda-Punkte so viel Spielraum lassen, dass noch genügend Möglichkeiten für Ideenentwicklung und Austausch von Problemen bleiben. Planen Sie Jour fixe in den Randzeiten, so bleibt der Kopf frei und die Handys schweigen.

---

[6] Vgl.: *Liessmann*: Theorie der Unbildung, 2006.

- Ein, zwei Mal im Jahr sind **Abteilungsklausuren** eine sehr wirkungsvolle Methode um Ideen zu ventilieren, den Zusammenhalt in der Gruppe zu stärken und neue Strategien gemeinsam zu entwickeln. Diese Klausuren bieten die Chance, in voller Konzentration an einem Thema zu feilen. Wichtig dabei: Die Gruppe darf nicht zu groß sein. Ideal sind sieben Teilnehmer. Bei dieser Personenanzahl ist die Kreativitätsausbeute sehr hoch, die Fehlerquote deutlich minimiert, da jeder einzelne auch Korrektiv ist und der Organisationsaufwand noch halbwegs überblickbar (Kapitel 20). Wenn in dieser partnerschaftlichen Atmosphäre Lösungen erdacht wurden, brauchen die involvierten Mitarbeiter klare Aufgaben, damit diese Schritte auch sukzessive umgesetzt werden. Die messbaren Ergebnisse zählen, darum ist auch hier Kontinuität gefordert.

Selbstverständlich können sich die Umfeld-Bedingungen verändern und es wird ein Kurswechsel nötig. Zielgerichtete Kommunikation – auch hier weit mehr als ein Schlagwort. Sie als Boss tragen die Verantwortung, damit Inhalte nicht im „Stille Post"-Verfahren zur Sage werden. Die Betroffenen direkt anzusprechen ist leicht (Kapitel 22) im Vergleich zur Aufklärung von Missverständnissen à la Columbo.

Die Formel für gelungene interne Kommunikation lautet:

Regelmäßig	Standardisierte Abläufe erleichtern die Orientierung, sparen Zeit und wirken wie Schmieröl für Prozesse.
Ergebnisorientiert	Nicht was man tut, ist wichtig, sondern was dadurch entsteht! Werfen Sie am Ende eines Gesprächs einen Blick auf die Habenseite und fassen Sie die Ergebnisse zusammen!
Direkt	Sprechen Sie mit den Menschen, die von den Inhalten betroffen sind (Kapitel 12)! Schaffen Sie ein Klima des Vertrauens, damit Ihre Mitarbeiter auch den direkten Draht zu Ihnen behalten. Kommunizieren Sie vor allem negatives Feedback zeitnah.
Ebenbürtig	Bringen Sie Ihren Teammitgliedern die gleiche Wertschätzung entgegen, die Sie von ihnen erwarten. Der Ton macht hier die Musik. Es ist völlig sinnlos, freundlich zu formulieren, wenn Sie paraverbal – also durch die Form, wie Sie es sagen – Gleichgültigkeit oder Unlust kommunizieren.
Nachvollziehbar	Seien Sie präzise in Ihren Aussagen und überprüfen Sie immer wieder durch weiterführende Fragen, ob Ihr Gesprächspartner Ihnen gedanklich noch folgt (Kapitel 12).

BE BOSS TRAINING 6

Machen Sie den **Selbstcheck!**

1. Was kann in Ihren Meetings besser laufen?

2. Wie sind Ihre Kommunikations-Prozesse standardisiert?

3. Von welchen Werten ist Ihr Führungsstil geprägt?

4. Woran erkennen Ihre Kollegen diese Werthaltungen? Welche Aussage trifft auf Sie zu?

   a) Ich sage es ihnen.

   b) Sie spüren es.

   c) Sie wurden gemeinsam mit meinem Team aufgestellt.

   d) Darüber hab ich noch nicht nachgedacht.

5. Welche gängigen Unternehmenskultur-Stereotypen finden Sie besonders unsinnig?

   – *„Wir wollen unsere Kunden täglich aufs Neue begeistern."*

   – *„Wir sind ein begeistertes Team und arbeiten an der Zufriedenheit unserer Kunden."*

   – *„Wir leisten Pionierarbeit und sind kompetente Know-how-Träger."*

   – *„Transparenz, Innovation und Verantwortlichkeit – dafür stehen wir!"*

   – *„Durch neue Entwicklungen unserer erstklassigen Produkte wird das Image unseres Unternehmens weiter steigen."*

Kapitel 7

Der Experte als Führungskraft

Das ursprüngliche **Führungsprinzip** stammt aus dem Handwerk: Der Beste seines Faches ist Meister. Führungsanspruch und Autorität ergeben sich aus der Wissensdifferenz zu den Mitarbeitern und aus der inhaltlich-fachlichen Expertise. Die Vorteile sind einleuchtend: Der Meister schafft Vertrauen und Identifikation. Bis heute gibt es Handwerksbetriebe, in denen Traditionen gepflegt werden und Mitarbeiter zu Recht stolz sind, so fachkundig ausgebildet worden zu sein (z. B.: Glasbläser, Hafnermeister, Geigenbauer, Restauratoren, Juweliere, ...).

Dieses Führungsbild hatte seine Berechtigung, so lange Wissen und Können überschaubar waren. Heute ist zunehmend Wissensarbeit gefordert. Das bedeutet, dass Mitarbeiter an komplexen Aufgaben arbeiten und unter Umständen mehr von der Materie verstehen als ihre Chefs. Wenn der Vorgesetzte es nicht schafft, sich auch außerhalb seines Fachgebietes als

Der Stolperstein in 9 Sekunden: Chefqualität und fachliche Kompetenz sind bei Vorgesetzten selten gleichermaßen entwickelt. Wer verabsäumt, sich für Führungsaufgaben fit zu machen, schwächt sich selbst.

Instanz zu positionieren, sinkt die Bereitschaft der Mitarbeiter ihn zu akzeptieren. Experte sein alleine genügt nicht.

Eine Führungskraft muss von *allem viel* und von wenigem alles wissen. Egal ob Kleinbetrieb, mittelständisches Unternehmen oder Global Player – jedes Unternehmen muss verkaufen. Ziel ist: Wettbewerbsvorteile zu schaffen und Marktchancen schnell und wirkungsvoll zu nutzen. Der Manager braucht besondere Soft Skills und Marketing-Kompetenz. Er ist eine multifunktionale Fach- und Führungskraft, die den unternehmerischen Blick fürs Wesentliche behält, klare Anweisungen formuliert und für die Identifikation der Mitarbeiter sorgt. Es gilt Ressourcen so zur Verfügung zu stellen, dass das Team optimal arbeiten kann (Infrastruktur, Software, ...).

Nachdem Leitungskräfte rund 80% ihrer Tätigkeit in Kommunikation investieren, ist es wichtig zu wissen, wie Gespräche richtig geführt und abgeschlossen werden.

Expertenwissen ist gefragt und häufig werden die Besten für Leitungsaufgaben auserkoren. Für viele ist die Erkenntnis, dass Führungsaufgaben ebenso mess- und prüfbar sind wie fachliches Können, die eindringlichste Erfahrung beim Chefsein. Denn: Ein Geschäftsführer ist da – um Geschäfte zu führen! Er darf nicht in Wettstreit treten mit den Spezialisten im eigenen Haus. Es ist gut, wenn der Marketingleiter mehr von Werbung versteht und die Buchhalterin schneller rechnen kann.

Wie stärken Sie Ihre Führungskompetenz?

1. Korrekte Übergabe

Der Umstand, dass mit der vorherigen Führungskraft viel Know-how über Kunden und Produkte verloren geht, ist Tatsache. Wenn es die Möglichkeit einer Übergabe gibt, dann reichen zwei bis drei Monate üblicherweise aus, um in die wichtigsten Bereiche eingewiesen zu werden (Kapitel 3).

2. Leerläufe erkennen

In jedem Unternehmen gibt es optimierbare Abläufe. Besonders in der Führungsebene lässt sich Zeit sparen. Wer von außen kommt, sieht Leerläufe oft schneller. Hören Sie den Assistenten zu und lassen Sie sich interne Kommunikationsabläufe erklären!

3. Mentoring hilft

Viele Führungskräfte nehmen sich gerade für die erste Zeit in der neuen Position einen Mentor von außen. Auch Cross-Mentoring wird immer beliebter. Diese Strategiebesprechungen geben Halt und helfen dem persönlichen Selbstverständnis. Ein wichtiger Lernschritt ist Vertrauen in die eigenen Führungsentscheidungen zu haben (Kapitel 18).

4. Weiterbildung planen

Gestern noch Experte und Kollege – heute Chef! Nach der ersten Einarbeitungsphase kümmern Sie sich um die eigene Weiterbildung. Nicht nur fachliche Seminare stehen dabei im Vordergrund, sondern vor allem das Training der Soft Skills (Kapitel 14).

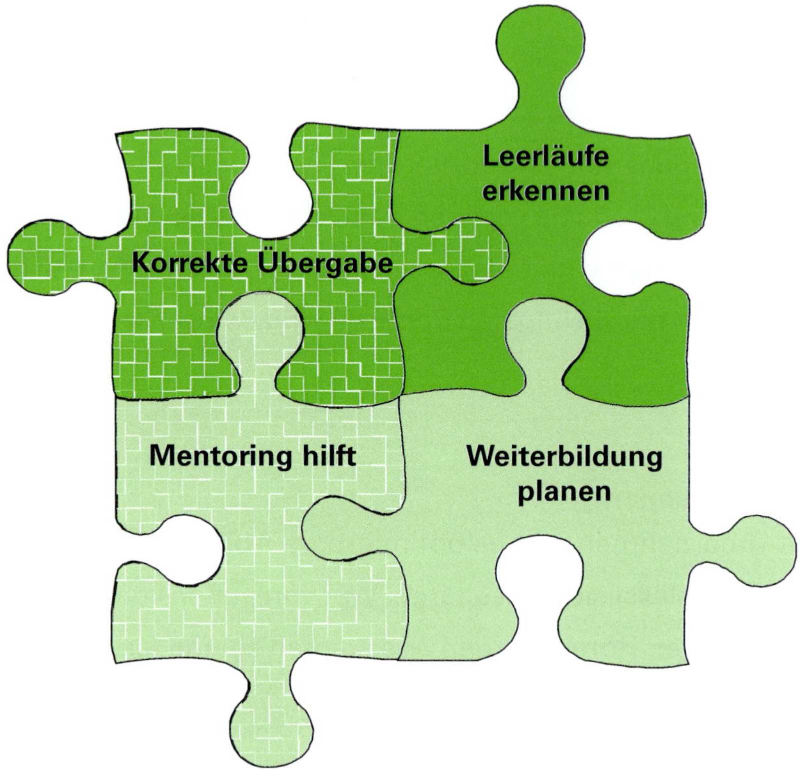
Leerläufe
erkennen
Korrekte Übergabe
Mentoring hilft
Weiterbildung
planen

BE BOSS TRAINING 7

Verschaffen Sie sich einen Überblick über Ihre größten fachlichen und führungsrelevanten Kenntnisse. Wie steht es um die Balance? In welchen Bereichen sollten Sie noch Know-how tanken?

Fachliches Know-how	**Gute Führungskenntnisse**	**Mein Aufholbedarf**

Kapitel 8

Wer sich selbst motiviert, bewegt auch andere!

95,700.000 Ergebnisse zeigt Google für das Wort *Motivation* an und 1756 deutsche Bücher finden sich bei Amazon innerhalb weniger Sekunden. Es muss wohl was auf sich haben, mit der Fähigkeit sich selbst oder auch andere in Bewegung zu setzen.

Manche versprechen, dass Motivation in 30 Minuten erlernt werden kann, andere schreiben der Motivation ungeheure Macht zu und für einige ist es ein Mythos. Angesichts dieser Flut von Gedanken, die sich Menschen seit dem Philosophen Epikur 300 vor Christus zu diesem Thema gemacht haben, gilt es, die für den Führungsalltag praxisrelevanten Aspekte zu fokussieren.

Alles, was den Menschen in Bewegung bringt, muss zuerst gefühlt und gedacht werden; welche Form es dann annimmt, hängt sehr von den Umständen und vom Individuum selbst ab. Unser gesamtes Verhalten ist

Der Stolperstein in 5 Sekunden: Mangelnde Motivation führt zu innerer Kündigung!

durch Motive geleitet. Ohne Motivation herrscht Stillstand. Hinter jedem Ziel steht ein Grund, es erreichen zu wollen – das Motiv. Es dient als Grundlage für die Motivation – der Motor, um die Pläne auch durchzuführen.

Der Mensch agiert im Dreiklang:

Motiv → Verhalten → Ziel

Ist der Wunsch nicht intensiv genug, dann fehlt der Antrieb und damit auch die Kraft zur Realisierung. Erst wenn die Vorstellung des Ziels ein starkes, anstrebenswertes Bild geworden ist, können potenzielle Selbstzweifel bekämpft werden (Kapitel 13). Prinzipiell strebt der Mensch nach Handlungsfähigkeit.

Motivieren kann nur, wer auch sich selbst leitet!

Aktiv motivierte Menschen haben sich besser erforscht, wissen was sie antreibt. Wer einen guten Zugang zum Selbst hat, zeichnet sich durch mehr Flexibilität, Durchsetzungsfähigkeit und innere Harmonie aus. Diesen **handlungsorientierten** Menschen geht es primär darum voranzukommen, etwas zu ändern oder zu lernen. Es fällt ihnen leicht andere mitzureißen, ihre Energie wirkt ansteckend. Die Bereitschaft, durch eigene Tüchtigkeit Aufgaben zu lösen, ist hoch. **Leistungsorientiertes** Handeln entsteht hauptsächlich durch selbstbestimmte Motivation. Die Folge: völliges Aufgehen in der Tätigkeit („Flow-Erlebnis").

Zu viel davon jedoch – und da steckt auch eine Gefahr – hemmt womöglich Mitarbeiter. Eine Führungskraft, die jeden zweiten Tag mit einer tollen Idee kommt, vor lauter Elan strotzend von den Kollegen erwartet, dass der Funke gleich überspringt und in die Tat umgesetzt wird, stößt auf wenig Gegenliebe. Das Risiko andere zu überfordern ist immanent.

Reaktiv sind Menschen, die sich ihrer Motivationskonzepte wenig bewusst sind. Je schlechter der Zugang zum Selbst, desto unausgeglichener wirkt man. Diese **lageorientierten** Personen neigen dazu, sich ständig mit einer Absicht zu beschäftigen. Oft bleibt es jedoch beim Nachdenken über Vorhaben. Der Energieverlust, der mit der Grübelei einhergeht, bremst die Umsetzung. Sie brauchen ein externes Anreizkonzept, das sich ihrer persönlichen Präferenzen und Erfahrungen bedient.

Glück ist nicht die Abwesenheit von Unglück!

Der Arbeitswissenschaftler und klinische Psychologe *Frederick Herzberg* entwickelte bereits 1959 die Zwei-Faktoren-Theorie. Herzberg meinte, Zufriedenheit stellt sich nur dann ein, wenn etwas hinzukommt. Klassische Motivatoren sind:

- Leistungserfolg
- Anerkennung
- Arbeitsinhalte
- Verantwortung
- Aufstiegsmöglichkeiten
- Wachstum

Wir erleben jedoch täglich, dass Menschen nur ungern Verantwortung übernehmen. Es gibt auch Mitarbeiter, die jeder Veränderung skeptisch gegenüberstehen oder sogar Angst davor haben. Sie fühlen sich auf die Probe gestellt und können nicht mit Gewissheit sagen, ob sie der Anforderung auch gewachsen sind. Darum vertreten wir die These: Eine gute Führungskraft muss vor allem wissen, wie es um die Selbsteinschätzung der Mitarbeiter bestellt ist und was sie sich selbst zutrauen.

Motivation setzt voraus:

Ziele festzulegen, mit denen sich jeder einzelne in der Abteilung identifizieren kann

Wissen, was sich der Mitarbeiter zutraut.

Erkennen, was am anderen unique ist.

Ein kurzer Ausflug in die Gehirnforschung bringt zusätzliche neue Perspektiven:

Joachim Bauer[7], Professor der Medizin und Psychotherapeut, geht so weit zu sagen *„Kern aller Motivation ist es, zwischenmenschliche Anerkennung, Wertschätzung oder Zuneigung zu finden und zu geben."* Ein Teil von *Edward Lee Thorndikes* „Gesetz der Wirkung" ist nun durch die aktuellsten Forschungen der Neurobiologie und der Genetik bekräftigt. *„Motivation ist auf lohnende Ziele gerichtet und soll den Organismus in die Lage versetzen, durch eigenes Verhalten möglichst günstige Bedingungen zum Erreichen dieser Ziele zu schaffen."* Der Körper reagiert, in-

[7] *Bauer, Joachim:* Prinzip Menschlichkeit, 2006.

dem er so genannte „Wohlfühlbotenstoffe“ freisetzt. So wird Anfang des neuen Jahrtausends Motivation plötzlich messbar. Eine Erkenntnis drängt sich auf: Aus neurobiologischer Sicht sind wir auf soziale Resonanz[8] und Kooperation angelegte Wesen. Wenn keine Chance auf Zuwendung besteht, versiegt die Motivationsquelle. Menschen, die unfreiwillig Ausgrenzung und Isolation erfahren, verweigern häufig sogar die Nahrungszufuhr. Apathie und der totale Zusammenbruch können die Folge sein. Wir wissen, wie zerstörerisch sich Mobbing auf die Psyche des Menschen auswirkt. Mit ein Beweis für die Annahme, dass das Streben nach sozialer Interaktion sogar noch vor der Befriedigung der existenziellen Bedürfnisse wie Hunger oder Durst steht. Sobald jedoch Anerkennung oder Liebe in Aussicht stehen, laufen die Motivationsmotoren auf Hochtouren.

Die logische Konsequenz: Wenn Kooperation oder Beziehung unmöglich scheint, verstummt auch der Antrieb. Wer als Teamleader also zu viel Distanz zu seinen Mitarbeitern hält, beraubt sich selbst der wichtigsten Grundlage zum erfolgreichen Führen.

Interessant in diesem Zusammenhang ist eine Studie, die das Gallup Institut in Deutschland 2002[9] durchgeführt hat.

---

[8] *Bauer, Joachim:* Warum ich fühle, was Du fühlst, 2005.
[9] http://www.gallup.de/Mitarbeiterzufriedenheit_10-09-02.htm, Stand: 3.12.06.

Demnach kann man Mitarbeiter in drei Kategorien einteilen:

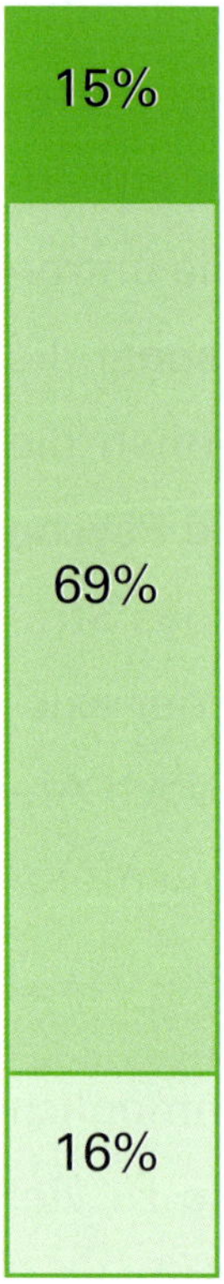

Engagierte – loyal, sehr produktiv, empfinden ihre Arbeit als befriedigend (15%).

Unengagierte (69%) – machen „Dienst nach Vorschrift" und fühlen sich dem Unternehmen gegenüber nicht wirklich verpflichtet.

Aktiv Unengagierte (16%) – sind verstimmt und zeigen die negative Einstellung zu ihrer Arbeit sehr deutlich. Offensichtlich haben sie bereits innerlich gekündigt.

Wird ein Mitarbeiter entlassen, so empfinden das die Kollegen in den meisten Fällen ungerecht[10]. Sowohl Entlassungen als auch Einkommenskürzungen sind allerdings regelmäßiger Bestandteil von Rationalisierungsprogrammen und gehören zum Berufsalltag. Doch das schürt die Unsicherheit und erschwert auch die Identifikation mit dem Unternehmen. Kürzungen werden eher akzeptiert, wenn sich Arbeitgeber zuvor merkbar bemüht haben, unnötige Härten zu vermeiden (Kapitel 25).

[10] http://doku.iab.de/kurzber/2006/kb0106.pdf, Stand: 3.12.06.

Motivation braucht Identifikation!

Es stellt sich also nie die Frage, *ob* ein Mensch motiviert ist, sondern *wie* er motiviert ist. Ein rein kognitiv orientierter Motivationsbegriff greift zu kurz, vielmehr ist auch der gesamte Bereich des Fühlens als Motor anzusehen. Verhalten sich geistige und emotionale Komponenten antagonistisch, stehen also im Widerspruch zueinander, dann wird voraussichtlich das Gefühl dominieren. Wichtig ist auch die zeitliche Hierarchie handlungsauslösender Faktoren! Eine Reihe negativer Ereignisse, die deutlich demotivierend wirken, kann durch nur eine aktuelle positive Erfahrung wieder wettgemacht werden.

Der Begriff **Leistungsmotiv** beschreibt die Bereitschaft eines Menschen, Aufgaben durch eigene Tüchtigkeit zu lösen. In seinem 1960 erschienenen Buch „The Human Side of Enterprises" unterscheidet *Douglas McGregor*[11] zwei Leistungstypen. Die X- und Y-Theorie stellt auch heute noch ein nicht unumstrittenes Modell im Management dar.

[11] *Douglas McGregor* (* 1906 in Detroit; † 1. Oktober 1964 in Massachusetts) war Professor für Management am Massachusetts Institute of Technology. Er gilt als einer der Gründerväter des zeitgenössischen Managementgedankens.

X-Typen	**Y-Typen**
Menschen sind von Natur aus faul.	Arbeit ist so selbstverständlich wie Spielen und Ausruhen. Menschen bemühen sich im Privaten genauso wie im Beruflichen.
Arbeit wird abgelehnt, so muss das Management zwingen, kontrollieren oder sogar bedrohen.	Sind Mitarbeiter motiviert, folgen sie den Unternehmenszielen freiwillig und aus Eigenantrieb.
Durchschnittliche Angestellte wollen geleitet werden.	Berufliche Zufriedenheit ist der Schlüssel, um Engagement sicherzustellen.
Verantwortung zu übernehmen bedeutet Stress.	Die passenden Bedingungen vorausgesetzt, strebt der Mensch nach Verantwortung.
Sicherheit ist oberste Priorität.	Phantasie und Kreativität unterstützen bei der Problembewältigung.
Autoritäres, straffes, hierarchisches Management.	Teilnehmendes Management, das Spielraum lässt und Eigenverantwortlichkeit fördert.

Rasch wird deutlich, wie sehr dieses Modell zum Schwarz-Weiß-Denken verführt. Es entspricht in keiner Weise mehr den heutigen Erkenntnissen. Und doch halten viele Führungskräfte sich selbst für aktive Y-Typen und ihre Mitarbeiter für passive X-Vertreter. Eine der negativen Konsequenzen: Sie unterschätzen die Kompetenz und die Lernbereitschaft der Teammitglieder. Oft der Grund dafür, dass zu wenig oder gar nicht **delegiert** wird. Nachweislich sind Führungskräfte, die auch ihren Mitarbeitern Attribute der Y-Theorie zutrauen, erfolgreicher. Jeder Einzelne im Team weiß, er kann Aufgaben in eigener Verantwortung erfüllen, die Arbeit wird geschätzt. – Nur so kann das Gefühl der Selbstwirksamkeit (■■■ Kapitel 9) wachsen.

Tu was Du kannst, doch lass, was ein anderer tun kann!

In unseren Trainings haben wir noch unzählige Begründungen gehört, warum **Delegieren** nicht möglich ist. Kreuzen Sie die Aussagen, die von Ihnen stammen könnten, an!

„Bis ich das erkläre, habe ich es schon drei Mal selbst erledigt."	
„Herr XY ist selbst völlig überlastet."	
„Wenn ich es selbst mache, weiß ich, dass es auch gut erledigt ist."	
„Das gehört nicht zu den Aufgabenbereichen von XY."	
„Die Sache ist zu komplex, um sie zu delegieren."	
„Ich will den Boss nicht so rauskehren."	
„Ich hab das immer schon selbst gemacht."	
„Am Ende macht das Frau XY noch besser als ich."	
„Ich mach es lieber selbst, sonst weiß ich nicht mehr, was im Laden läuft."	
„Das gehörte immer schon zu meinen Lieblingsaufgaben."	
„Ich will den Zugang zum Operativen nicht ganz verlieren."	

Diese Liste lässt sich sicherlich noch fortsetzen. Haben Sie mehr als drei „Lieblingsantworten“ angekreuzt? Dann ist es höchste Zeit für Sie, diese Chefsache intensiver zu betreiben! Definitiv sind das lauter gute Gründe, doch Sie als Führungskraft werden auch daran gemessen, wie Sie Arbeiten delegieren.

Was passiert, wenn Sie die Aufgabe nicht ernst nehmen?

- Sie verhindern die Weiterentwicklung Ihrer Mitarbeiter.
- Die Motivation leidet, da Erfolgserlebnisse ausbleiben. Im schlimmsten Fall verlässt der Arbeitnehmer das Unternehmen aus Mangel an Perspektiven.
- Sie haben Stress und keine Zeit für strategische Aufgaben.
- Teamgefühl kann nicht entstehen.

Delegieren ja! – Aber wie?

Sobald Sie sich für einen Mitarbeiter entscheiden, delegieren Sie Arbeit. Bereits im Einstellungsgespräch legen Sie fest, welche Arbeiten in seinen Verantwortungsbereich fallen. Stellenbeschreibungen, Organisationshandbücher, Funktionsprofile, aber auch das Be Boss-Logbuch geben dabei Orientierung.

Delegieren muss gelernt und trainiert werden, von Ihnen und Ihren Mitarbeitern. Das verlangt Konsequenz und Geduld! Voraussetzung sind außerdem gedankliche Klarheit und kommunikative Strukturen. Die Kommunikationspyramide unterstützt Sie im Gespräch.

Die einzelnen Schritte im Prozess sollten für alle Beteiligten nachvollziehbar bleiben. Das bedeutet für Sie Feedback zu geben und ganz bewusst zu fordern. Ermutigen Sie Ihre Mitarbeiter, sobald Schwierigkeiten oder Unklarheiten auftauchen, ebenfalls bei andern Teammitgliedern Rat einzuholen. Sie stärken dadurch den Zusammenhalt im Team und das eigenverantwortliche Arbeiten. Kooperation ist wohl die einfachste Form des Wissensmanagements.

Seien sie sich dessen bewusst, als Vorgesetzter sind Sie weder der Motor noch die Räder, sondern die Zündkerze und der Verteiler Ihres Maserati.

Wer delegiert führt!

Die wichtigste Motivation für Menschen bleibt die Resonanz durch andere: je verantwortungsvoller die Aufgabe, desto mehr positives Feedback kann fließen. Durch richtiges Delegieren verschaffen Sie Ihren Mitarbeitern Erfolgserlebnisse. Das Vertrauen zwischen Ihnen und Ihrem Team wächst.

Sie nützen die Potenziale jedes Einzelnen und fördern diese sehr wirkungsvoll durch Training on the Job. Und: Sie schaffen mehr Zeit für die wesentlichen Aufgaben!

BE BOSS TRAINING 8

Erkennen Sie, wie es um Ihre eigene Motivation bestellt ist. Wodurch motivieren Sie sich selbst?[12] Wählen Sie 3 Faktoren:

Macht — Erfolg und Einfluss

0 — 5 — 10

Unabhängigkeit — Freiheit

0 — 5 — 10

Neugier — Wissen

0 — 5 — 10

Anerkennung — Soziale Akzeptanz

0 — 5 — 10

Ordnung — Stabilität, Klarheit

0 — 5 — 10

Ehre — Loyalität, Integrität

0 — 5 — 10

Idealismus — Fairness

0 — 5 — 10

---

[12] *Dr. Steven Reiss,* Professor für Psychologie & Psychiatrie, Direktor des Nisonger Center for Mental Retardation am Ohio State University Medical Center. Der amerikanische Motivationsforscher fand in wissenschaftlichen Untersuchungen heraus, dass alle menschlichen Verhaltensweisen auf 16 Grundmotiven beruhen. Je nach Ausprägung bestimmen diese Motive unser Leben.

Beziehungen	Freundschaft	0 ... 5 ... 10
Familie	Familienleben	0 ... 5 ... 10
Status	„Social Standing“	0 ... 5 ... 10
Rache	Konkurrenz, Kampf	0 ... 5 ... 10
Romantik	Sexualität und Schönheit	0 ... 5 ... 10
Ernährung	Nahrung	0 ... 5 ... 10
Körperliche Aktivität	Fitness und Bewegung	0 ... 5 ... 10
Ruhe	Entspannung, emotionale Sicherheit	0 ... 5 ... 10
Sparen	Eigentum	0 ... 5 ... 10

Kapitel 9

Lebensstrategien und Wachstum

Verlassen Sie eingefahrene Denkbahnen, stellen Sie sich Unbekanntem und gewinnen Sie dadurch Kraft für Neues! Ein Quäntchen Unsicherheit kann uns beflügeln, sie lässt uns kreativ werden. Positive Erfahrungen, die in herausfordernden Situationen gemacht werden, machen mutig.

Lernen heißt, die **„Komfort-Zone“** zu verlassen: jenen Bereich, der für uns überschaubar und berechenbar ist. Hier fühlen wir uns sicher und es ist gemütlich. Jeder Handgriff sitzt, jeder Schritt ist geprobt, unerwartete Änderungen werden als Störung empfunden. Dann wird es plötzlich schwierig, Entscheidungen schnell und kompetent zu treffen. Doch leistungsfähig bleibt nur, wer auch leistet.

Manchmal kann es schmerzhaft sein, die Komfort-Zone zu verlassen, um die **„Risiko-Zone“** zu betreten. Es ist jedoch die einzige Möglichkeit, neue Erfahrungen zu sammeln. „Selbstwirksamkeit[13]“ – das Gefühl *„Ich traue mir das zu – auch, wenn es kompliziert ist“* – und das damit ver-

[13] *Albert Bandura* (* 4. Dezember 1925 in Kanada). Seit den 1950er Jahren arbeitet er an der Stanford University und ist einer der bedeutendsten Psychologen unserer Zeit.

bundene Erfolgserlebnis stärken die Risikobereitschaft und lassen die Persönlichkeit wachsen.

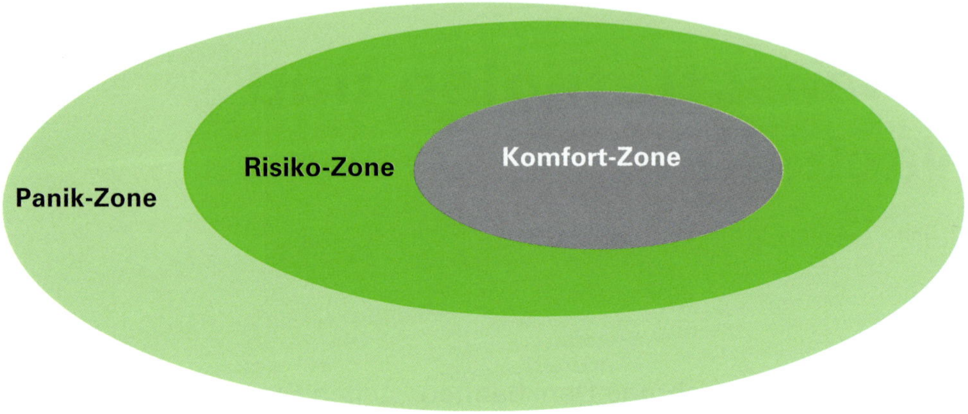

Je geübter Menschen darin sind, sich selbst zu fordern, desto größer wird die Komfort-Zone. Wer sich allerdings überfordert fühlt, gerät in die **„Panik-Zone“**. Jetzt wird ein altes „instinktives Verhaltensmuster“ freigesetzt und automatisch laufen Reiz-Reaktionsmuster ab: Fright, flight oder fight.

Fright

Manche Menschen neigen dazu, sich in Ausnahmesituationen tot zu stellen, in der Hoffnung, dass diese bald ein Ende findet. Ein wenig wie kleine Kinder, die noch glauben, wenn sie die Augen fest schließen ist alles Erschreckende von selbst verschwunden. Im 18. und 19. Jahrhundert war „in Ohnmacht fallen“ eine gesellschaftsfähige Ausdrucksform für Unbe-

Der Stolperstein in 12 Sekunden: *Lebensentwürfe sind gut. Noch besser ist es, Richtungspunkte regelmäßig zu justieren und signifikante Veränderungen mutig anzugehen.*

hagen oder Erschrecken. Die Metapher „den Kopf in den Sand stecken" bringt diese Abwehrreaktion auf den Punkt.

Flight

Andere wiederum ergreifen die Flucht, kehren zurück in die schützende Höhle der Komfort-Zone – und kommen da manchmal auch nie wieder heraus. Die Folge: Der Lebenskreis wird immer enger. Vieles, was nicht alltäglich oder fremd wirkt, ist kaum bewältigbar und führt im Extremfall zu Panikreaktionen. Der Gegenspieler des Selbstwerts – das Minderwertigkeitsgefühl – wird übermächtig.

Fight

Die dritte und letzte Reaktion auf Angst ist der Angriff. Keine zielgerichtete Aggression, sondern panisches Um-sich-Herumschlagen oder Brüllen. Wenn Sie nächstens wieder einmal ein lautstarkes Tete-a-Tete mit einem Choleriker haben, bedenken Sie: Er hat möglicherweise Angst.

Selbstwirksamkeit – das Vertrauen in die eigene Kraft

Wer nach dem Grundsatz lebt: *„Das Problem ist groß, meine Kraft es zu lösen auch"* hat gute Chancen, den Trapezakt zwischen Risiko und Panik für sich zu entscheiden. Voraussetzung dafür ist Training und die Bereitschaft, an die eigenen Grenzen zu gehen. Überraschen Sie sich selbst! Dadurch werden Sie sich Ihrer Ressourcen bewusst. Wohldosierte Erfolgs-Erfahrungen sind das stärkste Mittel, um Vertrauen in die Selbstwirksamkeit aufzubauen. Andererseits verführt zu hoher Leistungsanspruch an sich selbst dazu, auch persönliche Errungenschaften nicht mehr adäquat zu genießen. So können sogar extrem erfolgreiche Menschen von dem Gefühl getrieben sein, nicht zu genügen.

Menschen investieren unterschiedlich in ihre Persönlichkeitsentwicklung. Trotz der unzähligen individuellen Lebensentwürfe und Daseins-Konzepte stechen drei Strategien immer wieder heraus:

- **Die Highway-Strategie**
  Von der Schulausbildung über das Hochschulstudium bis hin zur konkreten Berufsvorbereitung ist dieser Typus sehr strukturiert und schnell unterwegs. Kinder entstehen nicht ungewollt – auch Familienplanung will durchdacht sein. Nichts wird dem Zufall überlassen, jeder Karriereschritt ist genau überlegt und abgewogen. Der Lebenslauf dieses Typus ist äußerst stringent, das Risiko kalkulierbar.

  Wie jeder Weg, so hat auch die Fahrt auf der Autobahn **Nachteile:** Das Ziel ist zwar schneller erreicht, dafür sieht man wegen des hohen Tempos weniger von der Umgebung. Die vorausschauende Lebensplanung lässt kaum Raum für spontane Ausflüge oder Erfahrungen abseits der Schnellstraße.

  Vorteil: Für sicherheitsorientierte Menschen sind die Spielregeln auf der Autobahn gut zu überblicken. Die Straße ist asphaltiert und die Tankstellen angeschrieben. Im Vergleich zum Offroader muss man sich um bedeutend weniger kümmern und kommt schneller an die selbst definierten Richtungspunkte. Deshalb lautet das Motto des Highway-Typus auch: **Das Ziel ist das Ziel!**

Die Offroader-Strategie

Dieser Lebensweg ist von hohem Fun-Faktor gekennzeichnet. Wie bei einer Schnitzeljagd folgt der Offroader den Spuren und hofft, dass hinter der nächsten Ecke eine weitere Chance auf Erkenntnis steckt. Er macht sich auf, um in seinem Leben möglichst viele Erlebnisse zu sammeln. Gesundheitliches und auch finanzielles Risiko schrecken ihn nicht ab. Dieser Typus liebt es, intuitiv zu entscheiden und kann notfalls auch den Gürtel enger schnallen. Wichtig ist ihm vor allem, dass er keinen gesellschaftlichen Zwängen und Dogmen ausgesetzt ist. Mit der Erfolgsdefinition des Autobahnfahrers kann er nur wenig anfangen.

Nachteil: Diese freie Art, das Leben als Offroader zu durchqueren, ist von extremen Höhen und Tiefen geprägt. Nicht jede Abzweigung führt zum Ziel. Schließlich gibt es im offenen Gelände auch Schlaglöcher. Mit Pannen und Pleiten muss gerechnet werden, wenn Planung oder Sicherheit nicht immer groß geschrieben werden.

Vorteil: Dieser Typus sieht mehr von der Vielfalt des Lebens auf den unterschiedlichen Niveaus. Untiefen bei Zufallsbekanntschaften sind dabei ebenso zu erforschen, wie gefährliche Gebirgsstraßen zu unerschlossenen Gebieten. Auf der anderen Seite hat sich schon für viele Offroader die Schatzsuche gelohnt. Ihr Motto: **Der Weg ist das Ziel!**

Die Carsharing-Strategie

Hohe Qualität ist diesem Menschen besonders wichtig. Er verfügt über ein exorbitantes Repertoire unterschiedlicher Themen und ist dadurch ein kommunikativer Generalist. Es geht ihm nicht vorrangig darum, messbare Ziele zu erreichen. Die Qualität des Augenblicks und die Perspektive, die daraus entstehen kann, ist für ihn ausschlaggebend. Forschen, Lernen und Entwickeln ist für ihn Leben.

In den meisten Fällen sind inspirierende Begegnungen prägend für die eigene Entscheidungsrichtung. Gut möglich, dass die Berufswahl beeinflusst war von engagierten Lehrern, die ihn für Wissensgebiete gewinnen konnten. Partner, die neue Sichtweisen in die Beziehung bringen, stimulieren. Natürlich befruchtet dieser Typus auch andere mit faszinierenden Ideen. Diese Vielfalt von Erkenntnissen, Interessen und Standpunkten macht ihn zu einem eloquenten Gesprächspartner, der über viele Belange Bescheid weiß.

Nachteil: Die Auseinandersetzung mit anderen Menschen erfordert Zeit. Nachdem es diesem Typus vorrangig darum geht, neue Ideen und Eindrücke zu sammeln und weiterzuentwickeln, wirkt er in Gesprächen schnell ungeduldig. Leere Kilometer sind ihm ein Gräuel, er sehnt sich nach Anregungen und möchte auch andere inspirieren. Außerdem finden sich mit den Jahren – und das kann frustrieren – nicht mehr so viele Diskussionspartner, die völlig Frisches denken.

Vorteil: Von anderen zu lernen und sich durch Informationen oder Überlegungen anregen zu lassen, wirkt wie ein Turbo für die eigene Entwicklung. Mentoren im Job helfen ebenso weiter wie gute Berater oder Freunde im Leben.

Das Lebensmotto dieses Typus könnte lauten: **Der Weg kreuzt das Ziel.**

BE BOSS TRAINING 9

1. Wann haben Sie zuletzt bewusst Ihre Komfort-Zone verlassen? Welches Motiv hat Sie geleitet? Was haben Sie durch diese Leistung über sich selbst erfahren?

Herausforderung	Motiv	Erfahrung
Vortrag vor 500 Menschen zu einem umstrittenen Thema	Neugier	Das Feedback der Zuhörer ermutigt mich, das Thema weiter zu vertiefen.

2. **Highway-, Offroader-** oder **Carsharing**-Strategie – welcher Mischtypus sind Sie? Mit welcher Lebenshaltung können Sie am wenigsten anfangen? Welche Strategie erkennen Sie bei Ihren Mitarbeitern?

Kapitel 10

Erkennen Sie gute Trainer

Passt der Trainer zu meinen Mitarbeitern?

Beruflicher Werdegang

Trainer- bzw. Coachingausbildungen haben viele absolviert, aber nicht alle sind gleich viel wert. In der Erwachsenenbildung tummeln sich dicht gedrängt ganz unterschiedliche Biografien: Ex-Konkursunternehmer, die Firmenteams beraten und fit machen wollen, „Urschrei-Therapie für Manager“ oder „Karriere-Astrologie für jedermann“. Selbst Kabarettisten haben den Trainingsmarkt schon vor einigen Jahren als Geldquelle entdeckt – Lachen inklusive.

Es gibt jedoch auch ganz hervorragende Anbieter, die seit vielen Jahren beständig gute Arbeit leisten und viele Firmen weiterbringen. Um zu entscheiden, ob ein Seminarleiter der Richtige für Ihr Mitarbeiterteam ist, reichen die Papierunterlagen kaum aus. In diesem Kapitel erfahren Sie deshalb, worauf Sie beim **Trainer-Recruiting** achten müssen. Um über die Formalqualifikationen Bescheid zu wissen, ist der Trainerlebenslauf erst der Anfang:

Homepage und Flyer
Bestimmt ist es nicht leicht, den richtigen Trainer für Ihren Zweck zu finden. Hören Sie sich deshalb um und überprüfen Sie Empfehlungen durch einen Blick auf die Homepage des Trainers. Wenn schon die Startseite mit einer Binsenweisheit oder einem welken Zitat beginnt, ist mit innovativen **Seminarmethoden** nicht zu rechnen. Wirkt die elektronische Präsentation selbstgestrickt, uninformativ oder kitschig – ist der Trainer vielleicht auch didaktisch nicht der Größte. Kontrollieren Sie seine Referenzen und das Bildungsangebot! Haben Sie es mit einem Spezialisten zu tun? – Oder gibt's von allem ein bisschen etwas? – Stichwort: Bauchladen.

Besuchen Sie auch die Fotogalerie. Welche Bilder auf einer Firmenhomepage zur Veröffentlichung freigegeben werden – oftmals erstaunlich mutig –, liefert einen Eindruck.

Broschüren und Angebote einholen
Wie informativ und gut aufbereitet sind die angeforderten schriftlichen Unterlagen? Sie können schließlich davon ausgehen, dass sich der Trainer mit seinem Präsentationsflyer länger beschäftigt hat als später mit Ihrem **Trainingshandout.** Ist sein Unternehmensfolder lieblos gestaltet oder voller Rechtschreibfehler, dann warten Sie erst, bis Sie das Skriptum für Ihre Mitarbeiter bekommen!

All diese Rechercheschritte ergeben langsam ein Bild und so kommen maximal drei Trainer in die engere Wahl. Jetzt ist es Zeit, den Hörer in die Hand zu nehmen und Kontakt aufzunehmen. Enden sollten die Telefonate mit einem guten Gefühl für Sie und Vergleichsofferten der drei Bildungsanbieter.

Für ein gelungenes Training gibt es also viele Fragen vorab zu klären. Ob der richtige Trainer fürs Team gefunden wurde, weiß man zwar meistens erst hinterher – trotzdem gibt es bereits von der Angebotseinholung bis zum Ende der Schulung eine Reihe von Indizien dafür, ob ein Trainer akkurat arbeitet.

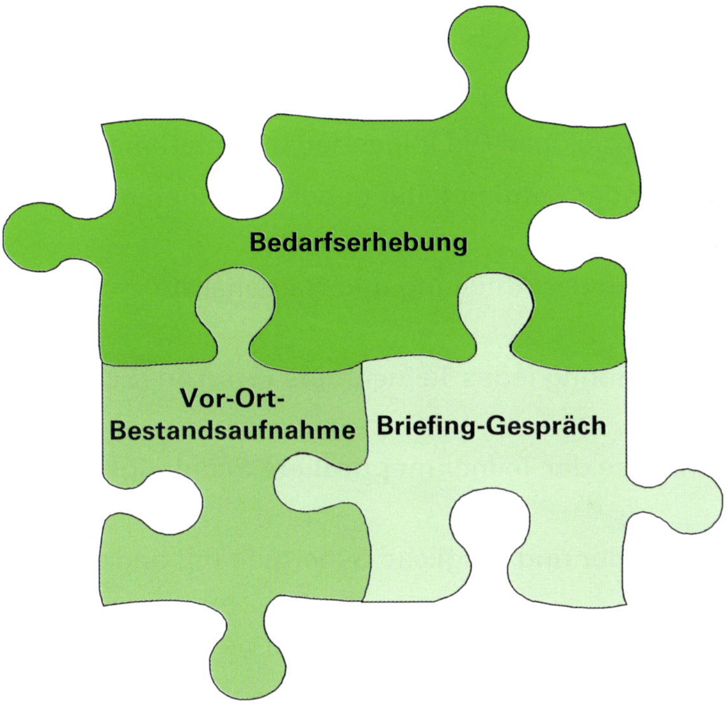

Der Stolperstein in 17 Sekunden: Bildungsbudgets sind knapp – der Seminardschungel ist dicht! Wer bei der Mitarbeiterschulung den falschen Trainer auswählt, erzeugt Demotivation im Team und riskiert Führungspunkte. *„Für so einen Unsinn gibt unser Chef Geld aus, aber bei … wird gespart!"*

Wie genau erhebt der Trainer den Bedarf?

Sollten Sie an einen Schulungsleiter geraten sein, der nach seiner Angebotslegung nur noch auf die Auftragsbestätigung wartet – dann haben Sie den Falschen! – Egal, wie warm Ihnen diese Person empfohlen wurde oder wie prominent sie in Managementkreisen ist. Es muss schließlich selbst der beste Schneider vor Beginn seiner Arbeit Maß nehmen und kann die Kragenweite nicht bloß schätzen. Für die Bedarfserhebung gibt es mehrere Möglichkeiten:

1. Das Briefing-Gespräch sollten Sie persönlich oder telefonisch führen. Gemeinsam mit dem Trainer, dessen Angebot überzeugend war, legen Sie das Lernziel fest. Die folgenden Informationen sollte ein gewissenhaft arbeitender Seminarleiter dabei von Ihnen erfragen:

- Organigramm der Abteilung und Namensliste
- Kurzbeschreibung jedes Teilnehmers (Stärken-/Schwächen-Katalog)
- Vorkenntnisse der Teilnehmer (frühere Schulungsmaßnahmen)
- Aufgabenfelder und mögliche Synergien mit anderen Abteilungen
- Wie wird intern kommuniziert?
  (z. B. erfolgen Anweisungen durch Mails? Durch die Geschäftsführung? Reportpflichten der Mitarbeiter?)

2. Vor-Ort-Bestandsaufnahme Eine ganz andere Möglichkeit ist, den Trainer direkt ins Unternehmen zu bitten, damit er sich von den Arbeitsvorgängen selbst ein Bild machen kann: Ein Beispiel: Gerade bei Call-

Center-Schulungen ist es besonders sinnvoll, die Agents beim Telefonieren zu beobachten und dadurch gleich den Verbesserungsbedarf zu erkennen. Gute Trainer zeigen Interesse und stellen Fragen, um das Schulungsprogramm später wirkungsvoll abzustimmen. Wer mit dem arroganten Nimbus ankommt: *„Was glauben Sie, was ich schon alles gesehen habe? – Da ist Ihre Firma ein Klacks!"*, sollte seine Zelte gar nicht aufschlagen dürfen.

Wie gut sind die Trainingsunterlagen aufbereitet?

Am einfachsten ist, wenn Sie sich das Handout zwei Wochen vor Beginn des vereinbarten Schulungstermins mailen lassen. So haben Sie die Möglichkeit noch thematisch einzugreifen, falls trotz Vorbesprechung falsche Lernschwerpunkte gesetzt wurden. – Außerdem kann das Schulungs-Skript auf Ihr Logo abgestimmt und mit den Teilnehmernamen versehen werden. Rechtschreibfehler, viele Tippfehler, falsche Quellen oder unübersichtliches Seitenlayout streuen dem gebuchten Trainer keine Vorschusslorbeeren. Gute **Handouts** beinhalten:

- Kurzlebenslauf des Vortragenden samt Foto und Kontakt
- Inhaltsverzeichnis des Handouts mit Seitenangaben
- gut strukturierte Trainingsinhalte und praktische Übungen
- Platz für Mitschriften und schriftliche Aufgaben
- Literatur- und Quellenangaben

Schulungsunterlagen elektronisch vor Seminarbeginn zu erhalten, hat einen weiteren Vorteil: Es bietet sich z. B. beim Beschwerdemanagement-Seminar an, gleich die neuesten Reklamationsregeln – intern aktuell beschlossen – zu integrieren. Diese hauseigenen Neuerungen passen zum Trainingsthema und können so auch durch die Unterlagen kommuniziert werden.

Viele namhafte Trainer haben bereits Bücher publiziert, die als beliebte Seminarunterlagen dienen. Bestimmt ist es auch für Ihr Team fein, den Autor selbst bei der Arbeit zu erleben und seine Signatur oder persönliche Widmung mit nach Hause zu nehmen.

Wie interaktiv ist das Seminar konzipiert?

Lassen Sie sich vor Schulungsbeginn erzählen, welche Lern-Methoden zum Einsatz kommen. Wenn sich das bereits langweilig anhört, wird Sie die Umsetzung auch nicht überzeugen. Sie kennen Ihre Mitarbeiter besser als der Trainer und wissen, wobei alle gerne mitmachen.

BE BOSS TRAINING 10

Auch wenn Ihre HR-Abteilung Ihnen üblicherweise Sorgen rund um die interne Weiterbildung abnimmt, ist es eine gute Übung, das **Trainer-Recruiting** zu begleiten.

Stellen Sie sich deshalb vor, Sie müssten das nächste Führungskräftetraining selbst organisieren. Wie wählen Sie Ihre Seminarleiter aus? Sie müssen neue Trainer präsentieren, die noch nicht mit Ihrem Unternehmen gearbeitet haben. Wie gehen Sie konkret vor?

Kapitel 11

Wie funktioniert lernen?

Lernen ist der einzige Weg, aus den Fehlern von gestern die Erfolge von morgen zu machen.

Im Laufe eines Arbeitslebens ändern sich Prozesse genauso wie Technologien. Jede Menge Wissen kann durch kontinuierliche Weiterbildungen dazugefüttert werden, doch „Training on the job" bleibt unersetzlich. Zum Lernen zu motivieren ist eine der Aufgaben von Führungskräften. Der erfolgreiche Trainer des eigenen Teams zu sein ist eine besondere Fertigkeit von Spitzenchefs.

Be Coach – Be Trainer – Be Boss!

Der Coach unterscheidet zwischen zielführend und nicht zielführend. Seine Prämisse: Es gibt so viele Wirklichkeiten wie Menschen. Was für den einen stimmt, muss für den anderen nicht unbedingt passen. Coaching ist ein Beratungsprozess, in dem der Klient – in Ihrem Fall der Mitarbeiter – dabei begleitet wird, seine eigenständige Lösung zu finden.

Der Stolperstein in 5 Sekunden: Nur wer sein Team trainiert, bleibt wettkampftauglich!

Der Coach nimmt weder eine Aufgabe ab noch fungiert er als „Besserwisser". Im deutlichen Unterschied zum Trainer muss der Coach keine direkte Lösung kennen bzw. vermitteln. Vielmehr wird er daran gemessen, inwieweit er dem Coachee ermöglicht, seinen eigenen Weg zu finden.

Der Trainer wiederum hilft und leitet den gezielten Auf- und Ausbau bestimmter Verhaltensweisen. Die individuellen Bedürfnisse des zu Trainierenden sind dabei zwar wichtig, aber vor allem geht es darum, ein „ideales" Ablaufmuster für eine konkrete Situation zu erlernen. Hier ist der Trainer der Know-how-Geber und vermittelt Spezialwissen. Er unterstützt seinen Trainee dabei, aus Fähigkeiten Fertigkeiten zu entwickeln. Darum sind Übungen und adäquates Feedback besonders wichtige Aspekte des Trainings.

Nur in wenigen Punkten hat sich über die Jahrhunderte etwas geändert: Denken Sie an damals, als man noch vom Meister gezeigt bekam, wie das Werkstück angefertigt werden muss! Auch er war Trainer, Coach und Boss in einer Person (Kapitel 7). Ob er ein guter Meister war, hing auch davon ab, wie gut er selbst als Lehrling gelenkt und gefördert wurde. Zumindest Basiswissen über Lehr- und Lernprozesse gehört heute zum Rüstzeug der modernen Führungskraft.

Lernen ist eine – vielleicht die wichtigste – Leistung des Gehirns

Das ganzes Leben hindurch lernen wir. Manches begreifen wir sofort, bei anderen Dingen hilft selbst wochenlanges Studieren nicht. Doch wann fällt uns etwas leicht, wann schwer?

Während Sie diesen Text lesen, geschieht Erstaunliches: Ein Bild der Buchstaben wird auf die Netzhaut Ihrer Augen projiziert, in einzelne Signale verschlüsselt, zum Gehirn weitergeleitet und dort verarbeitet. Das Gehirn ist zur Mustererkennung fähig. Ohne diese Mustererkennung wäre die Orientierung in der Umwelt nicht möglich. Indem das Gehirn die Sinneseindrücke in möglichst einfache Kategorien ordnet, bewältigt es die permanente Informationsflut.

Darum ist es so wichtig Lerninhalte so zu wählen, dass sie auf das Vorwissen aufsetzen. Vereinfacht ausgedrückt: Neues wächst leichter auf dem Boden des Bekannten. Durch Vergleiche und aus persönlichen Erfahrungen lernen wir. Darum lassen Sie Freiraum für den Versuch!

Der Lernkreislauf

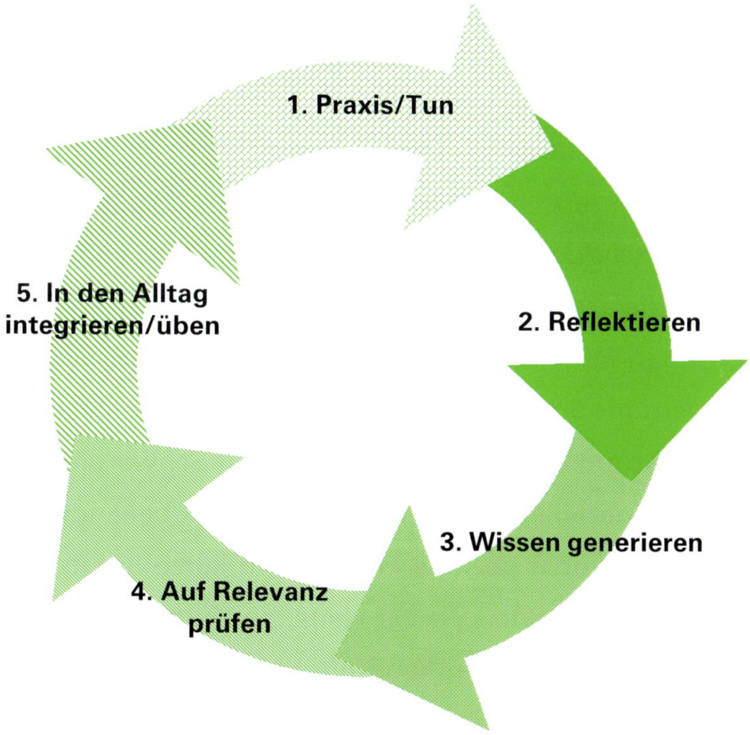

Phase 1 – Praxis/Tun:
Es ist nicht nötig, das Rad neu zu erfinden, darum gilt es zuerst festzustellen: Worauf können Sie aufsetzen? Was weiß und was kann Ihr Team bereits. Der Alltag bietet dazu meistens wunderbare Gelegenheiten. Noch besser ist, die konzentrierte Atmosphäre eines von Ihnen initiierten Workshops dafür zu nutzen. Ihr Vorteil: Das gemeinsame Reflektieren im Anschluss gelingt auf gleicher Augenhöhe, so stärken Sie das Vertrauen Ihrer Mitarbeiter in sich selbst und in den Lernprozess.

Phase 2 – Reflektieren:
Spätestens jetzt es notwendig, dem Lernen Raum und Zeit zu geben. Eine ausführliche Analyse der Stärken und Schwächen ist genauso wichtig wie ein gemeinsames Bild vom anstrebten Ziel zu entwickeln. Finden Sie gemeinsam heraus, was vom „Ideal“ trennt.

Phase 3 – Wissen generieren:
Ihre Aufgabe ist nun, neue Inhalte zu präsentieren. Ihr Redeanteil darf – obwohl Sie Wissen vermitteln – nicht zu hoch sein. Die Grundregel lautet: 30% der Zeit spricht der Trainer – und diese Position vertreten Sie jetzt gerade –, 70% die Trainees, also Ihre Mitarbeiter. Auch komplexe Informationen können in kurzer Zeit durch das **Lehrgespräch** verständlich übermittelt werden! Strukturieren Sie den Dialog schon in der Vorbereitung nach den Grundsätzen: Vom Leichten zum Schweren und vom Allgemeinen zum Speziellen. Setzen Sie auf bereits bekannte Inhalte auf und erweitern Sie durch gezielte Fragen und kurze Inputs das Wissen Ihrer Mitarbeiter. Verwenden Sie zur visuellen Unterstützung interaktive Medien wie Flipchart oder die Wandtafel! Menschen merken sich langfristig nur zehn Prozent des Gehörten; wenn sie den Inhalt aber auch se-

hen, bleibt die Hälfte im Gedächtnis. Durch den Dialog stellen Sie sicher, dass keiner der Teilnehmer in die Stand by-Funktion fällt.

Phase 4 – Auf Relevanz prüfen:

Nicht alles Neue werden Sie im Arbeitsalltag sofort umsetzen können. Wie bei einem Puzzlespiel gilt es, Lücken zu schließen und die passenden Teile zusammenzufügen. Überlegen Sie gemeinsam mit Ihren Mitarbeitern, in welchen Situationen welcher Inhalt zum Einsatz kommt.

Phase 5 – Erproben:

Der Schritt vom Wissen zum Können ist groß. Nutzen Sie die Laborsituation, um das Neue auszuprobieren und zu vertiefen. Auch wenn Sie mehr als 50% der Workshopzeit mit Üben verbringen, erwarten Sie sich aber keine Wunder! Pädagogen wissen, nach einem Tag sind bereits zwei Drittel des Stoffes wieder vergessen. Der wahre Lernfortschritt wird erst nach Wochen in der Praxis messbar, unterstützen Sie durch begleitendes Feedback. Denn: Wer keine Fehler macht, steckt sich die Ziele zu niedrig.

Eine Portion Mut gehört natürlich dazu, die eigenen Leute auch selbst zu trainieren. Machen Sie Ihre Sache souverän, wird das Ergebnis Sie in mehreren Richtungen bestätigen:

- Das Team wächst zusammen.
- Die Motivation zum Lernen und Verbessern steigt, bei Ihnen genauso wie bei Ihren Mitarbeitern.
- Sie können Ihr Weiterbildungsbudget für andere Inhalte verwenden.

BE BOSS TRAINING 11

Überlegen Sie, in welchen Bereichen es sinnvoll ist, Ihre Mannschaft selbst zu trainieren.

Telefon	Akquisition + Verkauf
Interne Kommunikation	Neues Berichtswesen
Systematisierung der Abläufe	

Kapitel 12

Unterscheiden Sie Kommunikationsformen!

Alle Linien auf dieser Welt sind entweder konvex, konkav oder gerade.

Dreiecke, Quadrate oder Rechtecke bestehen aus geraden Strecken. Spiralen sind konvex und konkav.

Genauso verhält es sich mit unseren Kommunikationslinien. Für Führungskräfte ist es wichtig, die bevorzugten Gesprächswege der eigenen Mitarbeiter zu kennen: Wer umgeht gerne den Instanzenweg? Wo im Team krachen die Rambos direkt zusammen? Wie begegnet man Intriganten, die versuchen, andere ins Boot der eigenen Betrachtungen zu holen?

Direkt zu kommunizieren ist nicht grundsätzlich besser als die konvexe oder konkave Gesprächsführung. Alle drei haben sowohl Vor- als auch Nachteile. Sie können passend zur Situation wählen, wie Sie kommunizieren wollen.

„Gerade" heißt in diesem Zusammenhang nicht unbedingt frei von Tricks und Schlichen, sondern direkt mit dem Zuständigen. Zum Beispiel: Ein Mitarbeiter möchte eine Gehaltserhöhung. Üblicherweise ist sein Vorgesetzter zuständig für Anliegen dieser Art. Daher gilt es für diesen ambitionierten Mitarbeiter sich gut vorzubereiten und um einen Termin zu bitten. Das Gespräch wird direkt und gerade geführt.

gerade Kommunikationsform

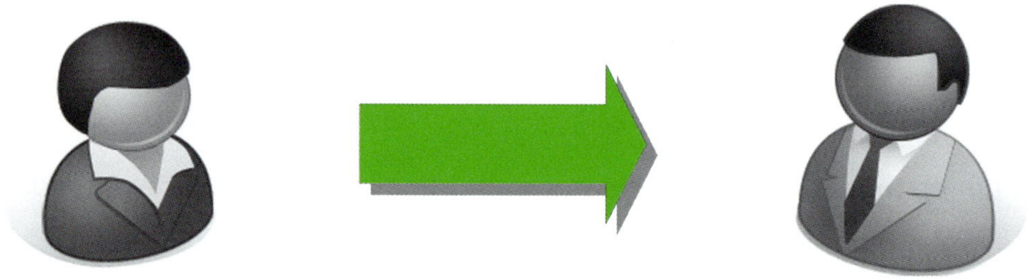

„von Angesicht zu Angesicht"

Den **direkten** Weg wählen Sie z. B. bei:

- persönlichem Feedback (Lob, Tadel, Versprechen, ...)
- Vieraugengesprächen (Wünsche, Forderungen, Vorschläge, Ideen)
- Partner und Familie
- Trainings und Seminaren
- lösbaren Konflikten mit Kollegen, Vorgesetzten, ... (Kapitel 22).

Fein, wenn wir viele unserer Unterredungen direkt abwickeln können. Nicht immer führt die gerade Gesprächslinie auch zum Erfolg. Gesetzt den Fall, es besteht Antipathie zwischen dem unmittelbaren Vorgesetzten und dem Mitarbeiter, bestimmt wird die Gehaltserhöhung dann nicht so leicht zu erwirken sein.

Kommunikation muss situations- und positionsadäquat sein

Die **konvexe** Form der Kommunikation erleben wir besonders in den Medien: Findet ein Mensch für sein Anliegen bei den zuständigen Stellen kein Gehör, wendet er sich an den Ombudsmann, die Lokalpresse, eine Bürgersendung oder andere übergeordnete Instanzen. In manchen Fällen ist es sinnvoll, sich mit seinem Gesuch an die nächste höhere Etage zu wenden und in der Hierarchie bewusst zwei Stufen auf einmal zu nehmen.

Problematisch ist die konvexe Strategie vor allem dann, wenn der direkte Kommunikationsweg gar nicht erst versucht wurde. Die Attitüde: Nicht mit dem Schmiedl vorlieb zu nehmen, sondern sich automatisch gleich an den Schmied zu wenden, bringt Bearbeitungsvorgänge durcheinander. Weltweit verstopfen unzählige Korrespondenzen die Maileingänge, weil falsche Adressaten gewählt wurden. Diese Anliegen, Beschwerden, Forderungen etc. müssen deshalb zuerst einmal umdirigiert werden. Bis der richtige Ansprechpartner gefunden wird, vergeht Zeit und die Frustration der Beteiligten steigt.

konvexe Kommunikationsform

„über die Köpfe hinweg"

Der **konvexe** Weg ist z. B. sinnvoll bei:

- einem gescheiterten Versuch direkter Konsensfindung
- gravierenden Problemen in Beruf, Partnerschaft, Familie (Mediation)
- Mobbing, Intrigen, nicht eingelösten Versprechungen
- juristischen Konflikten (Schlichtungsstellen, Schiedsgericht, ...)
- interkulturellen Problemen

Der Stolperstein in 16 Sekunden: Wer nicht weiß, wie kommuniziert wird, der muss damit rechnen, dass über seinen Kopf hinweg oder hinter seinem Rücken gesprochen wird. Geschmiedete Koalitionen im Team zu beobachten hat nichts mit Chef-Paranoia zu tun, sondern gehört zur Achtsamkeit rund um das Teamklima.

Die **konkave** Kommunikation setzen Sie am besten dann ein, wenn es darum geht, andere „ins Boot" zu holen. Besonders in Meetings, Klausuren oder bei Präsentationen ist es wichtig, andere begeistern zu können, um auf der Basis des Konsenses aufzubauen.

Problematisch sind für Führungskräfte jene Mitarbeiter, die grundsätzlich das Team vorschieben, um ihre eigene Meinung zu sagen. Gerne verwenden sie dabei die „wir"-Form, obwohl sie „ich" meinen: *„Wir sind alle der Ansicht, dass unsere Mittagspause verlängert werden sollte."* Schnell muss der Chef bei drohendem Gruppendruck reagieren und Einzelne fragen, ob sie diesen Wunsch tatsächlich so deponiert haben. Manchmal verrät eine gestammelte Antwort wie *„Ähm, mich hat zwar keiner gefragt, aber ..."* die konkave Taktik.

Führungskräfte sollten auch hellhörig sein, wenn sie eine Schweigespirale[14] vermuten. Dienstnehmer, die sich nicht trauen, ihre Meinung zu sagen, weil sie mit den Teamautoritäten Konflikte befürchten, sind im Vieraugengespräch geschützter. Je mehr Sie als leitende Instanz über Gruppendynamik (Kapitel 20) wissen, umso leichter erkennen Sie Kommunikationsprobleme bereits im Anfangsstadium.

Der konkave Dialog hat auch Vorteile: In unzähligen Situationen ist es sinnvoll, sich mit anderen abzustimmen, um so Mehrheiten bilden zu können. Das folgt dem Grundsatz der Demokratie.

---

[14] Die Theorie der Schweigespirale wurde in den 1970er Jahren von *Elisabeth Noelle-Neumann* formuliert. Menschen, die anders als der Mainstream empfinden, vermeiden es, ihre Meinung öffentlich zu bekennen – aus Angst vor Isolation.

konkave Kommunikationsform

„andere ins Boot holen"

Den **konkaven** Weg wählen Sie z. B. bei:

- Teambildungen und Klausuren
- Verhandlungen
- Präsentationen, Meetings, Workshops, Projektbesprechungen
- Petitionen, Abstimmungen
- Betriebsratswahlen, Plenum

BE BOSS TRAINING 12

Wenn Sie wissen, wie in Ihrem Unternehmen kommuniziert wird, dann orten Sie die Informationsprobleme und Tratschquellen schon frühzeitig. Wer redet wie?

Beschreiben Sie:

Teammitglied	**Gerade** von ... zu	**Konvex** über die Köpfe	**Konkav** mittels anderer

Kapitel 13

Vom Traum zum Ziel

Eine Organisation ähnelt einem Eisberg: Ein Achtel ist sichtbar, sieben Achtel liegen unter der Meeresoberfläche. Dort sind gewaltige, schwer einschätzbare Kräfte am Werk. Sie sind unberechenbar und irrational und treiben den Eisberg in eine bestimmte Richtung. Zu diesen unterschwelligen Kräften gehören: Machtstrukturen, gruppendynamische Prozesse, Beziehungen, Emotionen, individuelle Bedürfnisse, Überzeugungen, Werte und Kulturen. Führungskräfte sind im Sinne der Systemtheorie[15] Beobachter. Sie beobachten vorerst sich selbst und dann das System. Somit arbeiten wir nicht nur „im System", sondern vor allem „am System".

Alles in dieser Welt steht in Zusammenhang, diesen richtig zu analysieren ist die Kunst des Strategen.

---

[15] Systemtheorie ist ein interdisziplinäres Erkenntnismodell, in dem Systeme zur Beschreibung und Erklärung komplexer Phänomene herangezogen werden. Die Analyse von Strukturen und Funktionen soll Vorhersagen über das Systemverhalten erlauben.

1. Vertrauen Sie Ihrer Wunsch-Manufaktur!

Wovon haben Sie zuletzt geträumt? Nein, nicht des nächtens, sondern während einer dieser kostbaren Mußestunden in wachem Zustand. Wer hat den Irrglauben aufgebracht, „Träume sind Schäume"? Warum neigen wir Realisten immer so sehr dazu, innere Demarkationslinien aufzubauen? Diese unsichtbaren Mauern lassen uns glauben, dass das Mögliche unmöglich ist. *„Der einzig wahre Realist ist der Visionär"*, meinte *Federico Fellini,* einer der größten Regisseure des letzten Jahrhunderts. Der Traum ist der Vorbote des Wunsches, das Verlangen gibt Energie. Kraft, die Sie brauchen, um Ziele zu erreichen. – Unternehmerische genauso, wie private oder persönliche.

Der Wunsch ist nicht das Ziel

Der Wunsch löst positive Empfindungen aus. In unserer Vorstellung suchen wir nach der Qualität des Augenblicks, in der unser Wunsch Wirklichkeit geworden ist[16]. Halten Sie genau diesen Moment in Ihrer Vorstellung fest, gehen Sie dem Gefühl nach! Wonach Sie suchen, werden Sie erst erkennen, wenn Sie die Bedingungen genau formuliert haben. Im Wunsch finden Sie die Essenz Ihres Strebens. Voraussichtlich ist es nicht der Euromillionen Jackpot, der Ihr Herz so bewegt. – Doch vielleicht all die Freiheiten, die Sie sich damit leisten könnten. Welche wären das bei Ihnen? Schon sind Sie mittendrin, in der Suche nach den Qualitäten, die Ihre Vision real werden lassen.

---

[16] Weiterführend: www.majastorch.de.

2. Geben Sie Ihren Träumen eine Stimme!

„Wer Visionen hat, braucht einen Arzt“ – die Quelle dieses Zitates ist strittig, die einen meinen, der deutsche Altbundeskanzler *Helmut Schmidt* hat es geprägt, in Österreich wird es dem Bundeskanzler a. D. *Franz Vranitzky* zugesprochen. Wer als Führungskraft keine Vorstellungen von der Zukunft hat, sollte seinen Beruf an den Nagel hängen. Die Vision ist die Infusion für Ihren unternehmerischen Erfolg! Machen Sie gleich morgen einen Test: Fragen Sie Ihre Mitarbeiter, inwieweit sie ihre strategische Vision kennen. Lassen Sie sich aber nicht abspeisen mit Allgemeinplätzen wie: *„Die Poleposition auf dem Markt behalten.“* Oder: *„Den Umsatz verdoppeln.“* Das sind keine Träume, das sind austauschbare Slogans (Kapitel 6), durch die der Puls Ihrer Mitarbeiter wohl kaum in Schwung kommt. Es besteht sogar die Gefahr, dass sie sich durch ähnliche Leitsprüche überfordert fühlen. Der Identifikationswert ist gering, wenn die Erfolgsqualität nicht persönlich erlebt wurde. Deshalb: Kommunizieren Sie Ihre Vision! Beschreiben Sie, was Sie sich wünschen. Achten Sie dabei darauf, dass Ihre Mitarbeiter dieses Bild mit positiven Emotionen assoziieren.

3. Prüfen Sie Ihre Ressourcen

Unglaubliches hat der Mensch geleistet. Galaxien erforscht, bis zur tiefsten Stelle des Meeres ist er vorgedrungen, den Kampf gegen so manche tödliche Krankheit für sich entschieden. Das Geheimnis des Erfolges

Der Stolperstein in 7 Sekunden: If you can't dream it, you can't do it! Viele Pläne scheitern, weil Ziel mit Wunsch und Strategie mit Taktik verwechselt werden.

scheint in einer wesentlichen Eigenschaft zu liegen: Wir wissen unsere Werkzeuge richtig einzusetzen und dort, wo das Passende fehlt, können wir eines entwickeln (■■■ Kapitel 19). Prüfen Sie jetzt Ihre Ressourcen! Was brauchen Sie, um auch bei schlechter Witterung oder stechender Sonne für den Weg gerüstet zu sein? Sind Sie fit genug, oder sollten Sie noch ein paar Monate trainieren? Tun es die alten Schuhe noch? Sie werden nicht alleine gehen, darum sammeln Sie die ideale Mannschaft um sich. Fragen Sie, ob jeder Einzelne sich diese Strecke zutraut. Können Sie bereits auf positive Erfahrungen aus der Vergangenheit zurückblicken? Prüfen Sie sich und Ihr Team! Gibt es noch Schwachstellen, trainieren Sie, arbeiten Sie gemeinsam daran. Der Weg zur Meisterschaft ist lang. Entwickeln Sie Ihre persönlichen Werkzeuge! Der Lohn dafür: Unabhängigkeit und Stärke.

4. Erweitern Sie Ihr Blickfeld!

Jedes Ziel verliert seine Einzigartigkeit, wenn alle zur gleichen Zeit dorthin pilgern. Der Platz für den Einzelnen ist beengt, die Chance, in der ersten Reihe zu stehen, marginal. Sind Sie der Erste im Wettlauf auf neue Märkte, geben Sie die Initialzündung für neue Entwicklungen, bedeutet auch das nur temporären Monopolismus. Nichts ist schwerer zu erhalten, als ein guter Status quo! Schon bald kommen andere und wollen mit an dem Kuchen naschen. Und doch: Sie waren der Erste! Das ist deshalb gelungen, weil Sie aus Ihren Betrachtungen der Vergangenheit für die Zukunft gelernt haben. Sie haben den Markt erforscht, die Bedürfnisse der Menschen einschätzen gelernt und auch die politische Lage konsequent interpretiert. Wer sein Ziel definieren und erreichen möchte, darf keine Vogelstraußpolitik betreiben.

Welche internen, externen oder temporären Kräfte wirken in Ihrem System?

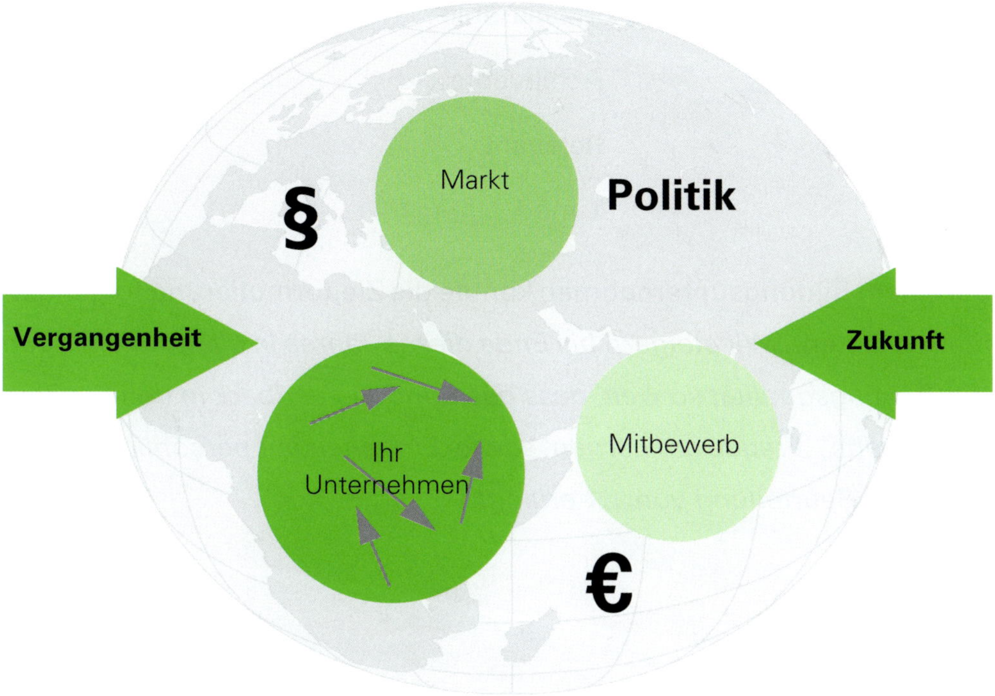

5. Legen Sie Handlungsziele fest!

Sie haben nun reiflich geprüft, worauf Sie sich auf Ihrer Reise zur Wunscherfüllung einlassen. Ihr Team steht hinter Ihnen und das Terrain ist sondiert. Auch kennen Sie Ihre Ressourcen und wissen, wo jeder einzelne im Team seine Stärken und Schwächen hat. Ihr inneres Bild von diesem erstrebenswerten Zustand ist deutlich. Jetzt gilt es konkrete, positiv formulierte Ziele festzusetzen. Die Gefahr, dass diese nicht realistisch sind, ist durch Ihre intensive Analyse des Umfeldes gebannt. Formulieren Sie Ihr Ziel SMART.

Specific

Measurable

Achievable

Relevant

Timed

Bei einem Bildungsunternehmen könnte die Zielformulierung folgendermaßen lauten: *„Wir steigern bis Ende dieses Jahres in allen Abteilungen die Trainingsqualität so weit, dass das Kunden-Feedback in den Punkten ‚Praxisnähe', ‚Freude am Lernen' sowie ‚Eingehen auf persönliche Anliegen' eine Beurteilung von 1,1 erlangt."*

Beschreiben Sie hier bitte eines Ihrer persönlichen Ziele:

S ______________________________

M ______________________________

A ______________________________

R ______________________________

T ______________________________

6. Entwickeln Sie eine Strategie!

Strategie ist die Kunst, Menschen und Unternehmungen zum Sieg zu führen.

Die frühesten überlieferten Theorien zur Strategieentwicklung sind über 2500 Jahre alt. Auf Pergamentrollen soll der chinesische Feldherr *Sun Tzu*[17] seine 13 Gebote festgehalten haben. In der Unternehmensführung feiert die Strategie seit 1950 eine Renaissance. Eine der geläufigsten Definitionen in der Betriebswirtschaftslehre stammt von *Michael E. Por-*

[17] Sein Buch „Die Kunst des Krieges" (chin. 孫子兵法) gilt als frühestes Buch über Strategie und ist bis zum heutigen Tage eines der bedeutendsten zu diesem Thema.

ter[18]. Demnach ist Strategie *„eine mittel- bis langfristig angelegte Anordnung von Aktivitäten, die ein Unternehmen von seinem Mitbewerb unterscheidet."* Sie beschreibt das grundsätzliche Muster der Handlungen, den „großen Plan über allem". Es gibt Bibliotheken voll mit Denkmodellen, die Sie unterstützen, um die passende Strategie für Ihr Ziel zu entwickeln.

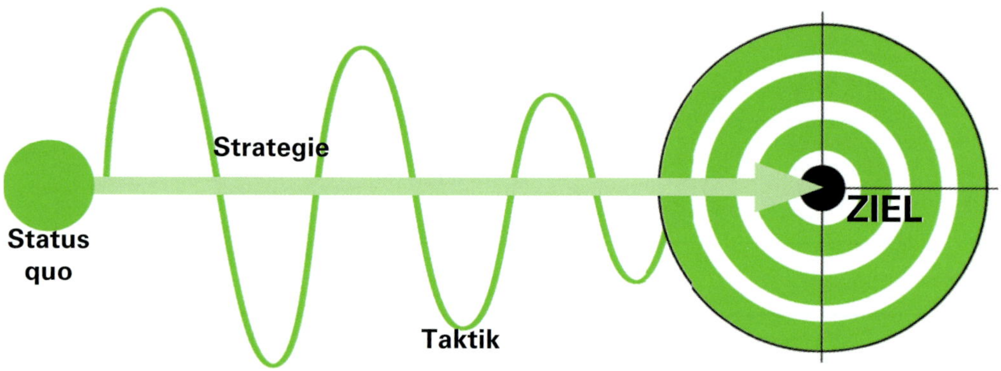

Was niemand weiß, kann keiner tun!

Wir beschränken uns ganz bewusst auf einen besonders wesentlichen Punkt: die Kommunikation des großen Plans. Der gute Stratege erreicht nicht nur mit Konsequenz und Disziplin sein Ziel, sondern auch dadurch, dass er immer wieder innehält und *„warum"* fragt[19]. Nur so behalten Sie die Führung über die bestehenden Prozesse und Ihr Team. Ein Boss,

[18] *Michael Eugene Porter* (* 1947) ist Professor für Wirtschaftswissenschaft an der Harvard Business School und Leiter des Institute for Strategy and Competitiveness. Er ist einer der führenden Ökonomen auf dem Gebiet des strategischen Managements.
[19] *Garri Kasparow:* Strategie und die Kunst zu leben; Denkanstöße 2008, 2007.

der seine Strategie nicht offen lebt und kommuniziert, treibt allein auf offener See. Darum binden Sie Ihr Team schon früh in die Strategie-Entwicklung ein! Ein Workshop ist die beste Gelegenheit, um von Anfang an partnerschaftlich neue Wege zu beschreiten. Es ist unbedingt notwendig, dass Sie die Meinungen und auch die Bedenken Ihrer Mitarbeiter ernst nehmen. Ihr Team ist und bleibt die wichtigste Ressource. Aktuelle neurobiologische Forschungen[20] bestätigen, wie eng Emotion und Kognition verknüpft sind. Gelingt es, Ihre Mitarbeiter von Anfang auf das Konzept einzuschwören, werden sie gerne den manchmal auch steinigen Pfad aufsteigen.

Das folgende Modell stellt eine Struktur dar, nach der Sie den Strategie-Workshop gestalten können.

[20] *Amabile; Kramer:* Was Mitarbeiter wirklich denken, Harvard Business Manager; 09/07.

Der Zielkreis

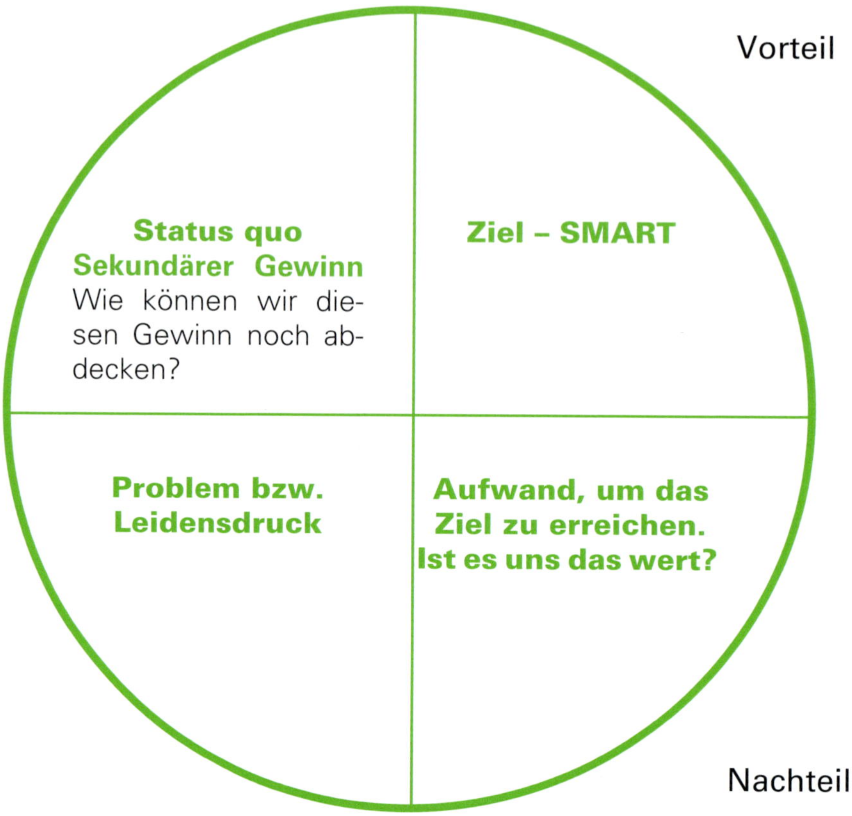

Beispiel:

Status quo: Ihr Team arbeitet am Rande seiner Kapazitäten. Noch läuft alles im grünen Bereich, doch wenn nur ein weiterer interessanter Auftrag an Land gezogen wird, können Sie die Qualität der Arbeit nicht mehr halten.

Ziel: In acht Wochen brauchen Sie eine erfahrene, aber extrem kostengünstige Mitarbeiterin, die so bald wie möglich eigenverantwortlich arbeiten kann.

Der sekundäre Gewinn beschreibt die **Vorteile,** die trotz der negativen Situation entstehen: Das Team arbeitet sehr harmonisch zusammen. Eine neue Mitarbeiterin könnte die Gruppendynamik stören. Mit relativ geringem Budget erwirtschaften Sie einen sehenswerten Umsatz. Jeder im Haus bewundert Ihre Abteilung und fragt sich, wie Sie mit so einem überschaubaren Team so viel leisten können. Die meisten operativen Angelegenheiten erledigen Ihre Mitarbeiter zur vollen Zufriedenheit und Sie haben noch genügend Freiraum für strategische Überlegungen.

Leidensdruck: Wenn auch nur ein Teammitglied krank wird, können Sie die versprochenen Deadlines nicht mehr einhalten. Sie stehen mit dem Rücken zur Wand, jede Menge **Nachteile** entstehen durch die Situation! Die Überstunden häufen sich, Zeitausgleich und Urlaub müssen verschoben werden. Sie haben so gut wie keinen Handlungsspielraum mehr.

Aufwand: Um die geeignete Mitarbeiterin zu finden, braucht es eine detaillierte Jobbeschreibung. Gespräche mit Personalern dauern meistens lange. Die Vorstellungsgespräche kosten Stunden. Während der ersten beiden Monate müssen auch Sie Zeit und Kraft in die Einschulung investieren. Sie überschreiten Ihr Budget, denn erfahrene Mitarbeiter sind zumeist teuer.

Strategie-Kontroll-Check

Wie ist die Situation im Augenblick?

Wie lautet unser Ziel?

In welcher Zeit können wir unser Ziel erreichen?

Warum ist es für uns selbst gut, dieses Ziel zu erreichen?

Welche Alternativen haben wir?

Warum ist es für andere gut, wenn wir das Ziel erreichen?

Welche weiteren Perspektiven/ Entwicklungsmöglichkeiten entstehen dadurch?

Wie ist es um unsere Ressourcen bestellt?

Woher können wir, falls nötig, weitere Ressourcen mobilisieren?

Wem müssen wir unser Vorhaben noch kommunizieren? Wann ist der geeignete Zeitpunkt?

7. Entwickeln Sie Ihre Taktik!

Jede einzelne Station auf Ihrer Reise ist gleich wichtig. Sechs Schritte haben Sie nun bereits im wahrsten Sinn des Wortes zielführend unternommen. Nun wird es Zeit, dass Sie sich auch tatsächlich auf den Weg machen. Die Taktik bestimmt die einzelnen Maßnahmen, durch die Sie kurzfristige Zwischenziele erreichen. Hier wirken alle Kräfte zusammen. Jeder braucht einen klar definierten Aufgabenbereich, die Information fließt in nachvollziehbaren Bahnen, alle Anstrengungen gehen in dieselbe Richtung. Ihr Traum ist zur Vision des Teams geworden. Das positive Gefühl während der Arbeit, wenn Fortschritt spürbar ist, die Genugtuung, ein kniffliges Problem alleine oder gemeinsam gelöst zu haben, erreichte Etappenziele, ... all das schafft Motivation. Haben Sie und Ihr Team wieder das scheinbar Unmögliche möglich gemacht, gibt es etwas zu feiern? Dann tun Sie es! Bei einem renommierten Fernsehsender spendet der Chefredakteur Quotenkuchen für die gesamte Redaktion, wenn es gelungen ist, Millionen Zuschauer bei einer TV-Sendung zu halten. Ein schönes Ritual, durch das der Fortschritt und die Qualität der Leistung für alle spürbar werden.

BE BOSS TRAINING 13

Machen Sie an Hand des Zielkreises eine Analyse, wie Sie Ihr persönliches Ziel erreichen können!

z. B.: **Ziel:** Bis zu meinem nächsten Geburtstag möchte ich fit für den Marathon sein.

Ihr Ziel:

z. B.: **Sekundärer Gewinn,** wenn ich nichts verändere: Ich habe mehr Zeit für die Familie. Es ist bequemer, auf der Couch zu liegen, als bei Wind und Wetter laufen zu gehen.

Ihr sekundärer Gewinn:

z. B.: **Leidensdruck:** Diesen Wunsch wollte ich mir immer schon erfüllen.
Ich fühle mich körperlich nicht fit.
Es gibt wenige Möglichkeiten für mich, Stress abzubauen.
Wenn mich nichts vom Job ablenkt, bleibe ich gedanklich immer bei der Arbeit.
Ich hab schon lange kein persönliches Erfolgserlebnis gehabt.

Ihr Leidensdruck:

z. B.: **Aufwand:** Neue Laufschuhe besorgen. Während des nächsten halben Jahres jeden zweiten Tag ca. eine Stunde trainieren. Ernährung umstellen. Termine nach 17 Uhr reduzieren.

Ihr Aufwand:

Kapitel 14

Von Berufsnachbarn lernen

Der Boss muss schnell in unterschiedliche Rollen schlüpfen können. Sie können als Vorgesetzter zum Beispiel am Montag Coach Ihres Teams sein, indem Sie die Crew motivieren, damit die Woche erfolgreich verläuft. Am Dienstag vertraut sich Ihnen ein wichtiger Dienstnehmer mit seinen privaten Sorgen an, dann ist psychologisches Feingefühl gefragt und guter Rat teuer. Die Präsentation am Mittwoch soll einem wichtigen Kunden gefallen und zum Geschäftsabschluss beitragen. Am Donnerstag Vormittag stehen Mitarbeitergespräche in Ihrem Timer. – Um treffendes Feedback geben zu können, braucht es Vorbereitung. Außerdem wäre es fein, wüssten Sie auch schon, wie der nächste Karriereschritt für Mitarbeiter XY aussieht. Danach klingelt das Telefon: Die Presse will ein Telefoninterview! Eine haarige Verhandlung am Nachmittag verlangt all Ihr rhetorisches Geschick. Sie müssen mehr als unternehmerisch denken und sowohl rückwirkend als auch fürs nächste Jahre gute Konditionen mit wichtigen Lieferanten erreichen. Schließlich erwartet der Aufsichtsrat

Der Stolperstein in 9 Sekunden: Vor lauter Tagesgeschäft und Stress vergisst mancher Chef seine eigene Horizonterweiterung. Die Weiterbildung beginnt bereits beim Blick über den fachlichen Tellerrand zu Nachbarberufen.

Freitag früh die erste Hochrechnung für das heurige Bilanzjahr; da wirkt sich dieser Rabatt bereits aus. Danach ist Ihr Beschwerdemanagement gefragt: Einen Großkunden, der intensiv reklamiert, gilt es zu halten, um die Akquisition von morgen zu sichern. Am Freitagabend ist eine Gala angesetzt: Cleveres Lobbying mit Politikern und Journalisten-Small Talk sind Bedingung.

Auf dem Weg in die Chefetage bleibt oft wenig Zeit, Know-how in allen relevanten Bereichen aufzubauen. Aus benachbarten Berufen lassen sich nötige Tools und Methoden für die Bedürfnisse des Führungsalltages adaptieren:

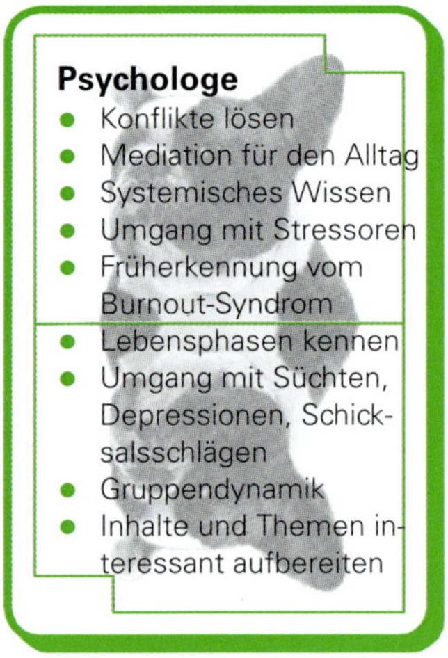

Personalentwickler

- Karriereplanung
- Erstellen von Arbeitsprofilen
- Führen von Mitarbeitergesprächen
- Zielvereinbarungen

Moderator/ Präsentator

- Moderation von Gruppen
- Präsentationstechnik
- Besprechungsmanagement
- Gemeinsame Gesprächsnenner sichern
- Workshopaufbau
- Klausur-Ablauf

Rhetoriker

- Sprechtechnische Grundregeln
- Diskussionstechniken
- Verbale Untergriffe deeskalieren
- Fragetechniken
- „Nein“ sagen
- Umgang mit Kommunikationssperren

Steuerberater

- Betriebswirtschaftliche Zusammenhänge erkennen
- Erfolgsrechnungen prognostizieren
- Bilanzen erstellen und interpretieren
- Steuerliche Vorteile nutzen

Verkäufer
Akquisition
Beschwerdemanagement
Einkaufsstrategie
Warenpräsentation

Zukunftsforscher
Trends erkennen
Marktzusammenhänge überblicken
Geografische Vorteile nutzen

Projektmanager
strategisch planen
Etappenziele formulieren
richtig Organisieren
Kontrollabläufe

Marketingexperte
Marketingregeln
Werbestrategien
Grafik und Layout
Corporate Identity
Zielgruppenverhalten
Marktforschung

Journalist

- Grundlagen des Journalismus
- PR-Textgestaltung
- Umgang mit Medien
- Pressegespräche vorbereiten
- Titeln und Texten unter Zeitdruck
- Schreibstil

Jurist

- Gesetzliche Grundlagen der Branche (Europäische Verordnungen)
- Arbeitsrecht, Dienstrecht, Steuerrecht, …
- Branchenrelevante Fallbeispiele kennen

Politiker

- Lobbying
- Synergien finden
- Sitzungsführung
- Politik im Verband/ Dachorganisation

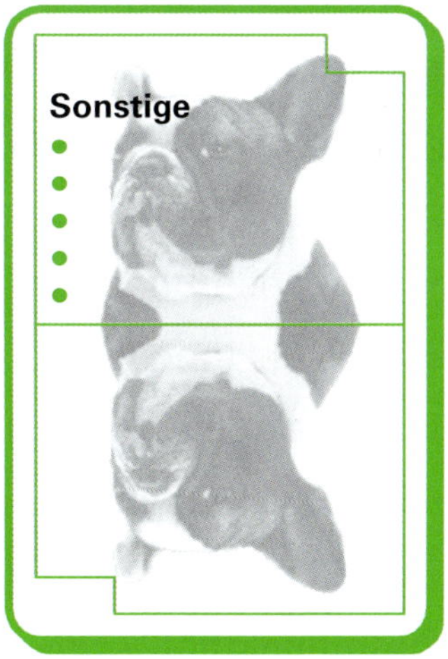

Sonstige

-
-
-
-
-

Spitzenmanager schauen über den Tellerrand

Was spielt sich in der eigenen Stadt ab? Was international? Worüber ärgern sich meine Kunden aktuell? Inwiefern beeinflussen gesellschaftliche Trends die berufliche Wirklichkeit meiner Zielgruppe?

Assoziatives Denken – schnell Querverbindungen und thematische Schnittpunkte zu finden, sichert Autoritätspunkte und gesellschaftliche Akzeptanz. – Mancher Chef hat schon Statuspunkte verloren, weil aufgeweckte Mitarbeiter beim Mittagsbuffet entlarvt haben, wie einseitig gebildet der Vorgesetzte im wirklichen Leben ist. Wer Kompetenz ausschließlich in Managementthemen ausstrahlt, ist vom Fachidioten nicht weit entfernt.

Es ist ein erhebendes Gefühl, hinter Systeme zu blicken und deren Zusammenhänge zu verstehen. Nur wache Augen lernen. Menschen mit Tunnelblick können nicht diversifizieren. Holen Sie sich Inspiration außerhalb des eigenen Fachtgebietes oder jenseits der Teppich-Etage. Neue Ideen und Synergien suchen lautet die Devise! Gedankliche Verbindungen und Schnittpunkte mit anderen Disziplinen herzustellen, hält mental beweglich. *Leonardo da Vinci* war schließlich auch nicht nur Maler, sondern ebenso Bildhauer, Architekt, Musiker, daneben sogar Anatom, Mechaniker, Ingenieur, Naturphilosoph und Erfinder. Das italienische Universalgenie der Renaissance gilt zwar bestimmt als Ausnahmeerscheinung, ist aber dennoch ein perfektes Beispiel für vernetztes Denken und Diversifikation. Wer sich für Zusammenhänge interessiert, wird bestimmt belohnt. – Davon überzeugt, arbeitete auch der englische Priester *Isaac Newton.* Der Mathematiker konnte das Gravitationsgesetz nur veröffentlichen, weil er außerdem Physiker und Astronom war.

BE BOSS TRAINING 14

1. Verwenden Sie die Spielkarten der unterschiedlichen Berufe, um sich einen Überblick zu verschaffen, in welchen Bereichen Sie bereits firm und wo inhaltliche Vertiefungen für Ihren Führungsjob sinnvoll sind.

   In welchen 3 Bereichen sollte ich mir Informationen und Know-how verschaffen?

   Aus diesem Beruf möchte ich Folgendes für mich adaptieren

2. Machen Sie sich auf die Suche nach geeigneten Gesprächspartnern und möglichen neuen Fachbereichen.

Kapitel 15

Lob und Ressourcen

Viele Führungskräfte halten es mit positivem Feedback nach dem Motto: *„Nicht getadelt ist genug gelobt."* Doch das Gehirn funktioniert umso besser, je attraktiver der zu erwartende Erfolg scheint.

Aber:

1. Das gut gemeinte Wort reicht mittelfristig nicht, um die Anerkennung spürbar zu machen.

2. Lob kann auch herabsetzend wirken.

Statusspiele sind dem System Mensch immanent

Wann immer Menschen zusammentreffen, wird körpersprachlich, verbal und durch das Auftreten geklärt, wie die soziale Rangfolge innerhalb der Gruppe ist. Unsympathisch wirken Menschen, die offensiv betonen, dass sie ranghöher sind. Um als Führungskraft anerkannt zu werden, ist es

Der Stolperstein in 7 Sekunden: Der Boss meint es vielleicht gut und will seine Mitarbeiterinnen motivieren. Aber nicht jede Anerkennung wirkt positiv!

darum wichtig, den gravierenden Unterschied zwischen positiver Verstärkung und Lob zu kennen.

- **Lob** stellt eine allgemeine, oft unkonkrete positive Klassifizierung des anderen dar und zielt stark auf Charaktereigenschaften, also das „Sein" des anderen ab.

- **Positive Verstärkung** findet auf gleicher Augenhöhe statt. Sie ist die nachvollziehbare bejahende Beurteilung eines Verhaltens und ist konkret (Kapitel 13) formuliert.

Ein Beispiel erleichtert das Verständnis. Stellen Sie sich vor, jemand sagt in Ihrer Anwesenheit zu einer für Sie sehr wichtigen Person: *„Sie ist ein sehr kommunikativer Mensch!"* Hier handelt es sich um Lob, von oben herab. Beim oft zitierten Schulterklopfer, auch eine Form des nonverbalen Lobs, fällt jedem sofort das Statusspiel auf.

Wie empfinden Sie im Gegensatz dazu folgende Formulierung: *„Das Projekt XY hat Frau Müller absolut eigenständig abgewickelt. Am Feedback der Kunden war deutlich zu erkennen, wie schnell sie Vertrauen gewinnen konnte."* Der Aussagewert ist quasi identisch, doch die praxisnahe Darstellung macht das Verhalten nachvollziehbar. Positive Verstärkung ist gleichberechtigt und wirkt darum um vieles motivierender. Die Wahrscheinlichkeit, dass Menschen erwünschtes Verhalten häufiger zeigen, steigt durch motivierende Unterstützung und positive Verstärkung[21] deutlich. Doch auch hier ist zu viel des Guten kontraproduktiv: Führungskräfte sollten auch positive Verstärkung niemals inflationär einsetzen.

---

[21] Vgl. *Bass; Avolio:* Transformationale Führung, 1994.

Lasst den Worten Taten folgen!

Niemand arbeitet ausschließlich für das gute Wort oder weil es im Team so kuschelig ist und die Führungskraft so charismatisch. Von Zeit zu Zeit will jeder die Ernte einfahren und auch gehörig feiern. In den letzten Jahren ist darum in Fachkreisen eine hitzige Diskussion entfacht, welches Anreizsystem wohl am meisten Erfolg verspricht. In großen Konzernen ist vor allem das Thema Anreizsysteme für Wissensmanagement ein oft noch wenig beleuchteter Bereich.

Noch einmal zur Erinnerung: Die Motivationsforschung unterscheidet prinzipiell zwischen **extrinsischer Motivation,** die im Wesentlichen durch materielle Anreize zu steuern ist, und **intrinsischer Motivation,** für die Selbstverwirklichung und Anerkennung einen höheren Stellenwert hat.

Überbewerten Sie die extrinsischen Anreizsysteme nicht. Die Verhaltens-Psychologie zeigt, dass bestehende intrinsische Motivation dadurch sogar verdrängt werden kann. Den Mitarbeiter, der stets bereit ist, sein Bestes zu geben, müssen Sie nicht davon überzeugen, Wissen bereitzustellen oder zu teilen. Er würde sich dadurch eher bevormundet fühlen. Genauso verhält es sich beim Lernen. Auch Lernprozesse werden durch intrinsische Motivation gefördert: *„Ich lerne, weil mich das Thema interessiert"* gegenüber der extrinsischen Motivation *„Ich lerne, weil ich dafür etwas bekomme"*[22].

[22] Prof. Dr. Ing. *Klaus North* lehrt Internationale Unternehmensführung im Fachbereich Wirtschaft an der FH Wiesbaden. Er entwickelt in Forschung und Praxis anwendungsorientierte Konzepte zur wissensorientierten Unternehmensführung.

Je individueller das Belohnungssystem gestaltet ist, desto motivierender wirkt sich das auf Mitarbeiter aus. Planen Sie pekuniäre Anreizsysteme in Ihrem Unternehmen, achten Sie unbedingt auf Fairness bei der Verteilung. Bedenken Sie darum folgende vier Faktoren[23]:

1. Anforderung,
weil damit der individuelle Substanzverlust ausgeglichen wird.

Wie hoch sind die körperlichen, geistigen und seelischen Anforderungen an den Mitarbeiter?

2. Soziale Komponente,
weil ein Unternehmen auch gesellschaftliche Verantwortung hat.

Inwieweit trägt der Mitarbeiter zur Umsetzung von sozialpolitischen Zielen der Gesellschaft bei?

3. Leistung,
weil der Mitarbeiter sie erbracht hat.

Wie bewerten Sie die messbare Leistung des Mitarbeiters?

4. Markt,
weil sich im Marktwert des Mitarbeiters das Leistungspotenzial ausdrückt, das dem Unternehmen für seine Ziele dient.

Wie groß ist der Wert des Mitarbeiters auf dem Arbeitsmarkt?

---

[23] Vgl.: *Klimecki; Gmür:* Personalmanagement, 1998, S. 274.

BE BOSS TRAINING 15

Das Be Boss Training hilft Ihnen in Zukunft, Ihren Mitarbeitern passendes positives Feedback zu geben und den Worten Taten folgen zu lassen. Beantworten Sie folgende Punkte!

Der Power-Index

1. Wie beurteilen Sie Ihre eigene Arbeitsleistung? Zeichnen Sie hier ein Diagramm Ihrer Bewertungskriterien! Vergessen Sie nicht, niemand ist überall gleich gut! Welche Form des Anreizes bringt Sie zur Höchstleistung?

2. Arbeiten Sie dann den Power-Index Ihrer Mitarbeiter aus.

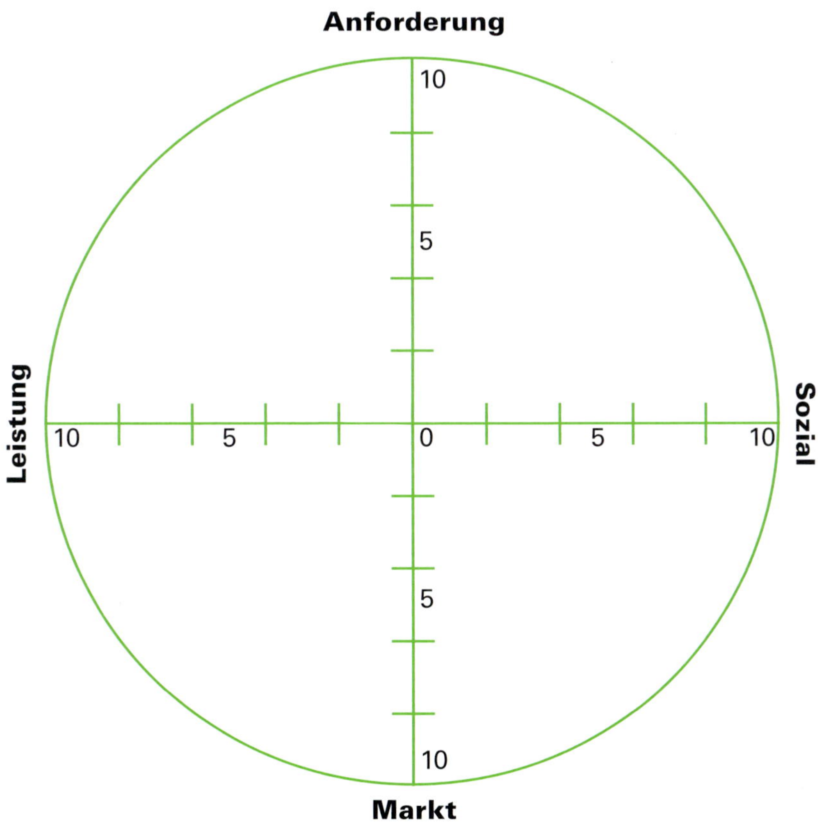

Kapitel 16

Von Bullshit-Bingo und anderen Gesellschaftsspielen

„Wer viel spricht, hat viel zu sagen!“, so könnte ein Mythos lauten, der in den letzten Jahren eine absolute Blüte erlebte. Fühlen wir den Präsentatoren und Vortragenden inhaltlich auf den Zahn, wird eines schnell offensichtlich: Sie sind selten Redner und häufig Schwadroneure.

Sprache ist lebendig, stetig im Wandel und Abbild der Kultur einer Gesellschaft. Das bleibt unbestritten. Doch was erzählt die Managersprache unserer Zeit über unsere Kultur?

Orientierungslosigkeit geht oft Hand in Hand mit Phrasen und unverständlichen Abstraktionen. Die Mutmaßung liegt nahe, dass so manch einer seine Unfähigkeit hinter möglichst vielen, wichtig klingenden Worten versteckt. Da sind es Anglizismen, deren Bedeutung im Deutschen nur unzureichend definiert ist. Hier werden Zitate vermurkst, Sätze bis zur Unendlichkeit verschachtelt und die Aussage durch Worthülsen verstümmelt.

Der Stolperstein in 5 Sekunden: Wortlawinen untergraben die Lust am Zuhören!

In den Führungsetagen hat man die Kunst perfektioniert, aus Wein Wasser zu machen – selten Trinkwasser. Das Resultat: Auch Prozesse kommen ins Schwimmen. Die Verantwortlichen tauchen sogar beim Krisenbericht lieber ab in die unendlichen Weiten des semantischen Sumpfes.

Kein Wunder, dass sich gelangweilte Meetingteilnehmer mittlerweile ihre Zeit mit einem beliebten Spiel vertreiben: Bullshit-Bingo. Das erste dokumentierte Bullshit-Bingo wurde 1996 gespielt. Der damalige Vizepräsident der USA sprach vor dem Abschlussjahrgang des Massachusetts Institute of Technology. Al Gore war damals für seinen wahllosen Gebrauch von Phrasen bekannt. Jeder im Publikum erhielt eine Bingokarte mit nichts sagenden Schlagwörtern. Wer als Erster eine Fünferreihe gefüllt hatte, erhob sich und rief laut *„Bullshit!"*. Mittlerweile gibt es die Bingokarten auch im Internet zum Runterladen und die Auswahl der Worte steigt stetig.

Die Steigerungsform davon ist der Bullshit-Generator[24] – eine Phrasendresch-Maschine, die scheinbar klug klingende, aber völlig sinnfreie unverständliche Sätze bildet.

Eine Kostprobe:
Hat man einmal apodiktisch festgelegt, dass die triviale Zentralisierung zukunftsweisend modifiziert zu versagen droht, bedeutet dies scheinbar, dass das konzentriert fälschliche Wirtschaftswachstum betrieblich merkantil versagt hat, je nachdem, ob die Abstraktion ideologisch doppelseitig – eigentlich nicht aussagekräftig ist.

[24] http://homepageberatung.at/cont/junk/bullshit_generator/index.php, 13.08.07.

Original-Spielmatrix „Bullshit-Bingo"[25]

Synergie	nicht vorgesehen	zielführend	Corporate Identity	Chance/Risiko
kommunizieren	Produktivität	Ball zuspielen	Kosten reduzieren	Benchmark
Posten wird nicht besetzt	Visionen	Global Player	Schwarzer Peter	Identifizierung
ergebnis-orientiert	Hut aufhaben	rund sein	Total Quality	fokussieren
Globalisierung	kundenorientiert	Szenario	alles geregelt	Teamarbeit

Wer klarer spricht, wird besser verstanden

Mitverantwortlich für das Sprach-Babel des 21. Jahrhunderts ist sicherlich auch der inflationäre, wenig kreative Einsatz von Powerpoint-Präsentationen. *Edward R. Tufte*[26] fand heraus, dass Powerpoint schuld am Absturz der amerikanischen Raumfähre Columbia vor einigen Jahren gewesen ist. Technische Probleme, die vor einem Start hätten warnen sollen, sind den Verantwortlichen weder mündlich noch schriftlich zur Kenntnis gebracht worden, sondern durch eine Powerpoint-Präsentation. Wir können mutmaßen, dass diese Folien wohl so vor nichts sagenden Abstraktionen und missverständlichen Worthülsen gestrotzt ha-

[25] http://de.wikipedia.org/wiki/Bullshit-Bingo
[26] *Edward Rolf Tufte,* 1942 in Kansas City, Missouri, geboren, US-amerikanischer Informationswissenschaftler, Professor an der Yale University.

ben. Sicher ist, dass auch die raffiniertesten Slides niemals die argumentative Brillanz eines kompetenten Vortragenden ersetzen können.

Wer zur Kopie der Kopie wird, ist farblos

Achten Sie deshalb darauf, nicht in folgende Fallen zu tappen:

- Abstrakt ist nie konkret! Untermauern Sie Ihre Argumente immer mit nachvollziehbaren Beispielen, so erhöhen Sie den Weitererzählwert Ihrer Aussagen.

- Langweilen Sie Ihre Zuhörer nicht schon am Anfang Ihrer Präsentation[27] mit Zitaten, die bereits Schimmel angesetzt haben. Hüten Sie sich davor, aufgebrauchte Floskeln oder Analogien in Ihren Vortrag einfließen zu lassen. Schwungvolle Gedanken fordern frische Formulierungen!

- Die Powerpoint-Präsentation ist nicht der öffentlich ausgehängte Stichwortzettel für den Vortragenden. Sie dient ausschließlich der Veranschaulichung, damit die Zuhörer Zusammenhänge leichter erkennen. Das freie Sprechen kann man lernen!

- Decken Sie den Schlagwörter-Missbrauch im Unternehmen auf! Nur weil es alle anderen auch machen, wird's nicht besser. Der Mainstream[28] ist nicht das Maß aller Dinge, sondern meist der kleinste gemeinsame Nenner. Das gilt auch für die Kommunikation. Sensibilisieren Sie sich selbst und Ihre Mitarbeiter!

---

[27] *Lackner; Triebe:* Rede-Diät®, 2006, Kapitel 14 und 16.
[28] *Lackner; Triebe:* Rede-Diät®, 2006, Kapitel 6.

- Redezeit ist Lebenszeit! Wo auch immer Sie die Möglichkeit sehen, verzichten Sie auf langatmige Präsentationen. Kultivieren Sie lieber die dialogische Unterhaltung in kleinen Gruppen. So kann durch Fragen beidseitig das Gespräch gesteuert werden. Das setzt natürlich voraus, dass Sie wirklich gut Bescheid wissen, bluffen wird hier schwierig.

Experten sind selten Schwätzer

Häufig beobachten wir: Menschen mit fundiertem Wissen verfolgen Diskussionen eher zurückhaltend. Sie ergreifen das Wort dann, wenn es um konkrete Maßnahmen geht oder die Unterhaltung völlig am Thema vorbeiführt.

Die jahrelange Seminartätigkeit hat uns aber auch gezeigt, dass zumindest in der Anfangsphase einer Teamarbeit die meisten Gruppenmitglieder dem, der viel spricht, auch viel Kompetenz zuschreiben. Wer lauter und witziger ist, punktet. Leider. Aufgabe des Teamleiters ist, Redselige einzubremsen und Wortkarge zu ermuntern.

BE BOSS TRAINING 16

Fertigen Sie hier Ihr ganz persönliches Bullshit-Bingo an! Tragen Sie jene Worte ein, die in Ihrem Unternehmen inflationär eingesetzt werden. Viel Spaß!

Ihre Spielmatrix

Kapitel 17

Eigenmarketing hilft!

Brauchen Führungskräfte Eigenmarketing?

Führungskräfte und Trainer haben viel gemeinsam. Von beiden wird erwartet, charismatisch eine Gruppe von Menschen zu leiten. Junge Manager scheitern oft an den eigenen Mitarbeitern. Der neue Vorgesetzte wird zwar von den Kunden und Geschäftspartnern angenommen, aber im eigenen Haus bröckelt die noch frische „Chef-Marke“ bereits. In der englischen Sprache wird deshalb auch klar unterschieden zwischen: **Headship** (formaler Vorgesetzter) und **Leadership** (Führungspersönlichkeit) (■■■ Kapitel 3).

In Zeiten des Cinderella-Syndroms, in denen jeder mittelmäßige Sänger zum Popstar trainiert werden kann, fühlen sich die Mitarbeiter schnell um ihren Star an der Unternehmensspitze betrogen. Der Medienmarkt erkennt die Frustration vieler Mitarbeiter. Es wird nicht lange dauern, bis „Tausche Familie“ von der Sendung „Tausche Chef“ im Fernsehen abgelöst wird. Der Ruf nach erfahrenen Mentoren und Führungsikonen wird

Der Stolperstein in 7 Sekunden: Der neue Chef wird außerhalb des Unternehmens besser angenommen als intern. Viele halten Eigenmarketing für unnötig und lächerlich.

immer lauter. Wie können Sie Ihre Leitungskompetenz zeigen und vor allem Ihr Team als Fangemeinde gewinnen? Sie sind zwar in der Managementebene angekommen – müssen aber erst beweisen, dass Sie da auch hingehören.

Sicher ist, dass Mitarbeiter zu Recht beeindruckt sind, wenn der Vorgesetzte über außergewöhnliche Fähigkeiten verfügt oder wenn er auf exemplarische Weise seine Lebensphilosophie vorlebt (■■■ Kapitel 2). Schließlich spiegelt Ihr Lebensentwurf die Summe Ihrer Entscheidungen wider.

Führungstrends lassen erkennen, dass sich die neuen Chefs rasch um ihr Eigenmarketing kümmern müssen.

Was gehört zum Chefappeal?

Klar unterschieden werden muss zwischen gutem **Eigenmarketing** und dilettantischer Selbstdarstellung, die das Image beschädigt. In diesem Zusammenhang helfen die folgenden Fragen bei der Selbstkontrolle:

Eigenmarketing-Checkliste: Worauf Sie achten!

Wie präsentiere ich mich?

Fotos in Presseaussendungen, Unternehmensfoldern, ...

Fragen Sie vertraute Menschen nach ihrer Meinung und achten Sie auf professionelle Aufnahmen. In manchen Firmen erfahren Mitarbeiter oder Kunden auf Papier oder durch die Homepage von ihrem neuen Boss.

Wie klinge ich?

Stimm- & Sprechtraining

Ihre Sprache ist die Kleidung Ihrer Gedanken und gemeinsam mit Ihrer Stimme beeinflusst sie das Urteil des Zuhörers. Die akustische Präsentation – im Audio File auf der Homepage, am Telefon, im Radio-Interview, ... – vermittelt dem Hörer ein klares Bild von Ihnen. Die Information beinhaltet: Stimmsitz & -klang, Akzent bzw. Milieusprache, Dialektfärbung, Sprach- oder Fallfehler, Rede-Duktus, Sympathiefaktoren, Füllworte & -floskeln, ...

Wie trete ich auf?

Alle Objekte, die Sie umgeben: Accessoires, Kleidung, Schreibgeräte, Brillen, technisches Equipment (Mobiltelefone, Laptops, ...), Autos – ja sogar das Mobiliar unserer Wohnungen und Büros geben Informationen über uns preis.

Machen Sie sich daher Ihre **Objektsprache** bewusst und nehmen Sie nötigenfalls sanfte Veränderungen vor. Sie sollen sich nicht verkleiden, wenn Sie in die Arbeit gehen, dennoch sind Sie als Führungskraft Repräsentant des Hauses – nach innen und außen. Je klassischer Sie Ihre Garderobe anlegen, desto besser können Sie kombinieren. Achten Sie beim Kauf besonders auf die gute Qualität der Materialien! Understatement als Prinzip wirkt sympathisch.

Wodurch wird mein Führungsstil erkennbar?

Klare **Kommunikationsregeln** sind maßgeblich für Ihr erfolgreiches Eigenmarketing. Nicht nur Ihre persönliche Art mit anderen in Austausch zu treten ist gemeint, sondern die Kommunikationskultur, die sich durch Ihren Führungsstil etabliert.

Eigenmarketing-Checkliste: Worauf Sie achten!

Welche Kommunikationskultur führen Sie ein?

Informationslöcher, aber auch -überschüsse verderben die gute Meinung über den Neuen an der Spitze! Keiner will in einer Kommunikationskultur arbeiten, in der sich Memos mit „cc an alle" durchsetzen oder andererseits wesentliche Auskünfte fehlen.

Wie wichtig ist Ihnen das soziale Leben im Unternehmen?

Zu den Kommunikationsregeln gehört auch der Umgang mit Ritualen wie: Betriebsausflügen, Geburtstagen, Pensions- und Weihnachtsfeiern, ...
Viele Chefs wissen nicht einmal, wann ihre engsten Mitarbeiter Geburtstag haben. Besser: Spendieren Sie jedem Angestellten eine Torte.
Fazit: Durch jeden Führungswechsel ändern sich auch Kommunikations-Gewohnheiten. Es ist daher wichtig, genau zu wissen, welche Änderungen sinnvoll sind.

Wie viel soll man über Ihre persönlichen Vorlieben wissen?

„Ist der Chef ein Weinkenner? Spielt er, wie so viele, Golf? Waaas? – Er fährt einen alten Käfer?? – Wie transportiert er dann seine drei Kinder?"
Damit sich Mitarbeiter und Kunden ein Bild von Ihnen machen können, brauchen Sie Gesprächsstoff. Auf Gerüchte haben Sie nur wenig Einfluss, gestalten Sie daher Ihr kolportiertes Porträt mit.
So haben Sie besser in der Hand, was erzählt wird. Klar ist, dass sich Menschen über Sie austauschen. Als Führungskraft sind Sie eine „öffentliche Person" im Unternehmen.

Auch wenn Ihnen diese Dinge nicht wichtig erscheinen – geben Sie den Menschen Informationen, die Sie als Privatperson beschreiben. Eigenmarketing lebt von kleinen Geschichten, die menschlich und erlebbar machen. Ihre Fähigkeiten im Job sind dabei nur bedingt interessant. **Persönliche Vorlieben** charakterisieren Sie eher.

Wie gut der neue Chef einzuschätzen ist, liegt weitgehend in seiner eigenen Hand. Das Bedürfnis der Mitarbeiter, neben dem beruflichen Background auch Persönliches über das neue Gesicht an der Spitze wissen zu wollen, ist völlig legitim. Sich als Häuptling zu positionieren ist nicht einfach, aber notwendig. Indianer mit Leitungsbefugnissen zu sein, reicht heute nicht mehr.

BE BOSS TRAINING 17

Arbeiten Sie diese Checkliste durch! Überlegen Sie, in welchen Bereichen **Ihr Eigenmarketing** schwach ist und Unterstützung braucht.

Vertrete ich in enthusiastischer Weise eine Vision – welche (Kapitel 13)?

Wissen meine Mitarbeiter, wofür ich ideologisch stehe – wodurch (Kapitel 6)?

Wie positiv ist mein Image im Unternehmen – woran messe ich das?

Was ist über meine moralische Integrität bekannt?

Wie hoch ist meine Empathie – wodurch wird sie für andere sichtbar?

Gelte ich im Haus als Sanierer, Reformer, Revolutionär,... Woran kann ich das messen?

Kapitel 18

Networking – gute Beziehungen erkennen Sie an den Jahresringen

Networking braucht Zeit, eine der kostbarsten Ressourcen der erfolgreichen Führungskraft. Darum haben Businessclubs und Geschäftsverbände auch häufig geringe Priorität auf der To-Do-Liste. Weit verbreitet ist der Gedanke, Beziehungspflege habe nur indirekt mit den eigentlichen Führungsaufgaben zu tun. Manche wiederum meinen, wenn sie an jedem Arbeitstag einen Businesslunch absolvieren, sind sie die perfekten Networker. Völlig ungeachtet dessen, welche Ergebnisse bei „Kalbsbries an Limettensoße" oder „Crème brûlée" erzielt wurden.

Wer keine Netzwerke pflegt, scheitert entweder auf dem Weg zur Führungskraft oder spätestens wenn er diese Aufgabe ausübt. Wer darunter nur versteht, möglichst viele Adressen zu sammeln, verpasst die Chance sich persönlich, aber auch unternehmerisch weiterzuentwickeln.

Der Stolperstein in 7 Sekunden: Ein Netzwerk hat nur für denjenigen Sinn, der auch etwas zu bieten hat! Wer nur auf seinen Vorteil bedacht ist, verliert Zeit und gewinnt nichts.

Es gilt drei verschiedene Beziehungsarten zu pflegen:

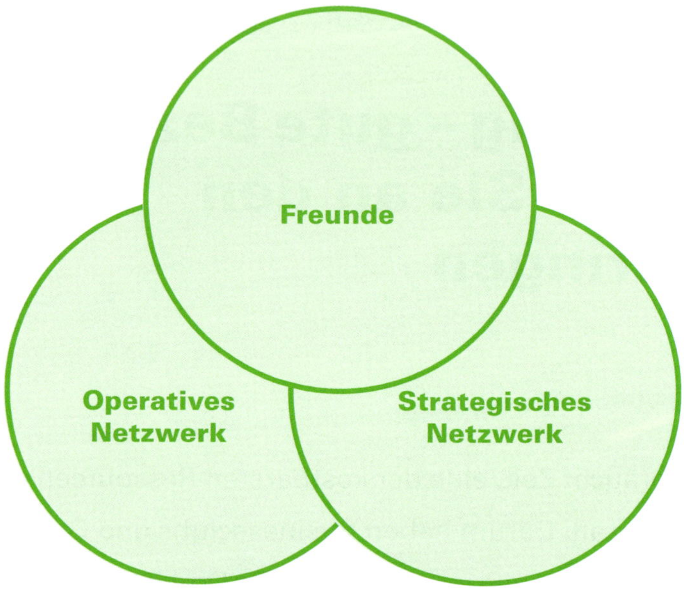

Im Idealfall überschneiden sich die drei Bereiche.

- **Operative Netzwerke** unterstützen Sie bei der täglichen Arbeit. Dafür brauchen Sie Ihr Team, interne Entscheidungsträger und Kollegen auf gleicher Ebene, die Projekte unterstützen können oder auch vereiteln. Die operative Beziehungspflege ist notwendig, um Ihre unmittelbaren Aufgaben erfolgreich zu erledigen. Durch informelle Gespräche schaffen Sie die Basis für gemeinsame offizielle Entscheidungen.

- **Strategische Netzwerke** verbessern Ihre Karrierechancen, tragen aber auch zu Ihrer persönlichen Entwicklung bei. Suchen Sie den Kontakt zu Meinungsbildnern, vertiefen Sie Ihre externen Beziehungen und finden Sie inspirierende Menschen. Nicht nur, um den nächsten Karriereschritt zu planen, sind diese Gesprächspartner wertvoll. Geht es darum, neue Ideen zu entwickeln, sind Feedback und Gedankenaustausch sehr bereichernd. Oft ist es sinnvoll, Informationen aus anderen Branchen oder Bereichen zu erhalten, damit der Blick für die gesellschaftliche Veränderung nicht verloren geht (Kapitel 14). Nur wer dem Puls der Zeit einen Takt voran ist, kann Visionen entwickeln und aktiv gestalten. Unterstützen Sie bewusst spezielle Verbindungen und helfen Sie mit, organisatorische Ziele zu erreichen.

Freunde sind unerlässlich! Sie geben Ihnen wertvolles, ehrliches, persönliches Feedback, helfen Ihnen in schwierigen Lebensphasen. Mit Ihren Freunden erleben Sie freudvolle Momente und gemeinsam können Sie Kraft tanken. Je länger eine Freundschaft dauert, desto tiefer wird die Beziehung. Darum ist es hier möglich, auch persönliche Themen zu besprechen. Schon alleine durch die gedankliche Reflexion können Lösungen oder neue Sichtweisen gewonnen werden. Immer öfter zählen Coaches oder Mentoren zum Netzwerk. Der offene Austausch mit Vertrauenspersonen gehört zur persönlichen Hygiene, wie das Zähneputzen. Hier geht es sicher nicht darum, möglichst viele Menschen um sich zu scharen, sondern vielmehr um die Qualität der Beziehung und die Kompetenz der Personen.

Vertrauen entsteht nicht durch den Austausch von Visitkarten, auch nicht dadurch, dass man vermeintlich wichtige Personen hofiert oder mit seinen großartigen Kontakten prahlt. Respekt vor dem anderen und die freundlich-konstruktive Atmosphäre sind die Schlüsselqualitäten für das Gelingen einer Beziehung. Das Beziehungskonto muss für beide Seiten im Plus sein. Ein guter Networker überlegt sich nicht nur, was er von seinen Kontakten erwartet, er weiß auch genau, was er selbst zu bieten hat. Welche Informationen sind für wen in Ihrem Beziehungsgeflecht hilfreich? Wer sich nur meldet, wenn er etwas braucht, riskiert im besten Fall vergessen zu werden, im schlimmsten Fall den guten Ruf. Denn: Jeder Mensch kennt den anderen über sechs Ecken.

Eine Beziehung ist wie eine Zimmerpflanze; manche kommen sehr gut mit wenig Licht und Wasser aus, andere brauchen regelmäßige Zuwendung. Nur nasse Füße – zu viel des Guten – verträgt weder der Ficus Benjamina noch das Netzwerk.

Regelmäßige **„Post it“** sind ideal, um die Beziehung zu pflegen:

- Wenn etwas für Sie anregend ist, lassen Sie andere partizipieren! Versorgen Sie Ihre Netzwerkpartner mit ausgewählten Informationen. Mailen Sie z. B. einen interessanten Link weiter. Der andere freut sich, weil Sie für ihn mitgedacht haben und Ihr Beziehungspflänzchen hat wieder einen Schluck Wasser zum Gedeihen. Hüten Sie sich jedoch davor, die Mailboxen anderer mit Ihren gesammelten Urlaubsfotos zu verstopfen. Mag schon sein, dass es für Sie ein Traum war, der Empfänger empfindet es eher als Zwangsbeglückung. Die Dosis macht's, lieber weniger gießen als zu viel.

- Servicieren Sie Ihre Freunde und Bekannten! Lesen Sie gerne Fachliteratur? Fassen Sie die wesentlichen Aspekte auf einer Seite zusammen! Das hat gleich zwei Vorteile:

1. Mit der Zeit entsteht ein Konvolut an Wissenswertem, ein ganz persönliches Nachschlagewerk.

2. Häppchenweise aufbereitetes Know-how freut jeden, der Ihre Interessen teilt. Sie schlagen somit eine Brücke. Auch wenn Lesen und Schreiben zu Ihren Leidenschaften gehören, sehen Sie davon ab, einen Networking-Newsletter ins Leben zu rufen. Was zu regelmäßig und zu unpersönlich in den Posteingang marschiert, wird eher als lästige Werbesendung empfunden.

- Bringen Sie Menschen zusammen! Hüten Sie sich aber davor, für jemand anderen die Hand ins Feuer zu legen! Wenn Sie denken, zwischen zwei Bekannten könnten sich gute Synergien ergeben, dann spielen Sie ruhig die Vermittlerrolle. Werden Sie jedoch nicht zum Kuppler – weder beruflich noch privat! Sie wissen nie, wie Menschen sich entwickeln.

- Rufen Sie zwischendurch kurz mal an! Die Betonung liegt hier auf kurz! Fragen Sie nach, wie es dem anderen geht, ganz ohne besonderen Anlass. Erzählen Sie in wenigen Worten, was sich bei Ihnen tut. Sie werden merken, das Vertrauen wächst – langsam, denn auch gute Beziehungen haben Jahresringe.

BE BOSS TRAINING 18

Ordnen Sie in die jeweiligen Kreise Ihre wichtigsten Networkingpartner! Überlegen Sie sich im nächsten Schritt, warum jemand den Kontakt zu Ihnen pflegen sollte. Diese Liste dient zur Inspiration, ergänzen Sie!

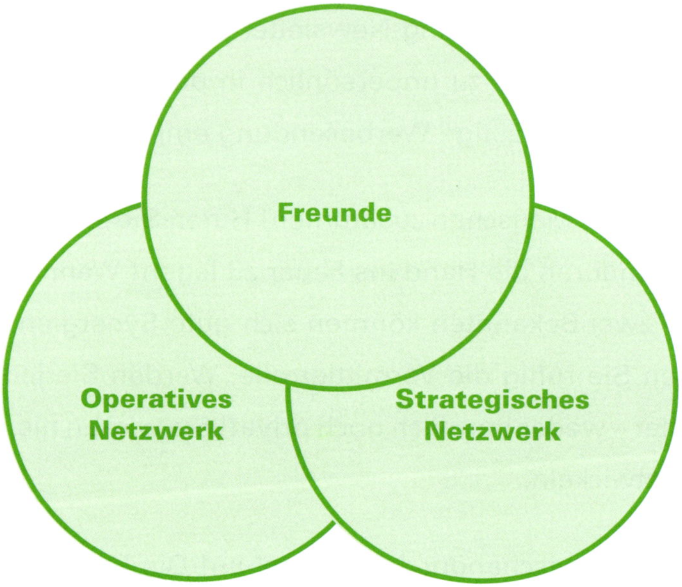

Was haben Sie zu bieten?

z. B. Frische Informationen	Fundiertes Backgroundwissen
Strategisches Know-how	Internationale Erfahrungen
Gute Menschenkenntnis	Branchenwissen
Vielfältige Interessen	Humor
Empathie	Besondere Fähigkeiten

Ich kann: ______________________________

____

____

Ich biete: ______________________________

____

____

Ich schaffe: ______________________________

____

____

Kapitel 19

K9-Karussell – Ihre Unternehmensnavigation, Teil 1

Abgefischte Märkte – Neue Chancen

Im Waldviertel werden im Herbst die Teiche abgefischt – die Teiche „kochen" heißt es im Volksmund. Auf dem Karpfenmarkt verhält es sich nicht anders als auf den Weltmärkten. Altes muss Neuem ständig Platz machen. Wir befinden uns definitiv nicht mehr in einer Zeit der Terra Incognita. Geografisch betrachtet haben auch wir abgefischt. – Obwohl es auf dieser Erde kaum Ausweichflächen oder uneroberte Gebiete mehr gibt, können wir dennoch ständig neue Märkte, Produkte und Geschäftsfelder zu prächtigen Anglerparadiesen entwickeln.

K9-Karussell:

Dieses Tool hilft jene neun Kriterien zu kennen, die bei wirtschaftlichem Erfolg immer kongenial zusammenspielen. Im Kapitel 33 wartet ein Abschluss-Check auf Sie. Ihr Vorteil: es gelingt Ihnen Ihre persönlichen Stärken gezielter einzusetzen und an Schwächen zu arbeiten. Je genauer Sie also dieses Kapitel lesen, umso leichter fällt es Ihnen, Antworten auf die Fragen der letzten Seiten des Buches zu finden.

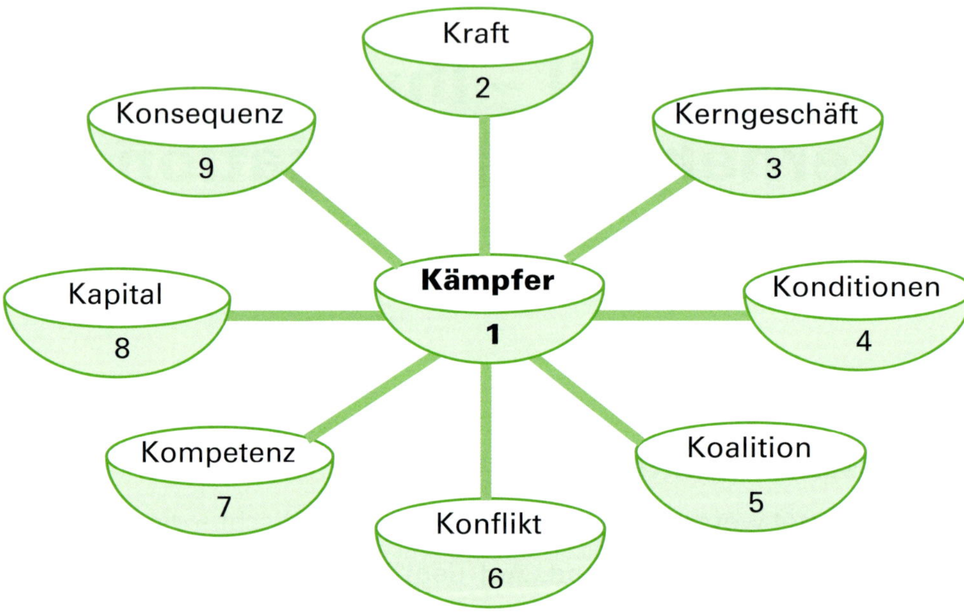

1. Der Kämpfer

Als Führungskraft brauchen Sie Kampfgeist! Bevor sich jemand daran macht, neue Märkte zu erobern oder in die Produktschlacht einzusteigen, ist es wert zu überlegen, welche Waffen zur Verfügung stehen (Kapitel 13). Wie auch immer die Kämpfer in der Geschichte genannt wurden: Krieger, Ritter, Samurai, ... sie alle hatten einen klaren Verhaltenskodex, in dem ihre Tugenden und Pflichten festgehalten wurden. Bestimmt ist es auch für Sie sinnvoll zu überlegen, wo Sie den Rubikon Ihrer ethischen Vorstellungen ziehen.

2. Die Kraft

Wer Großes vorhat, überprüft besser, wie es um die eigene Kondition bestellt ist. – Aus einem schwächelnden Krieger wird schließlich selten ein Held. Auf der anderen Seite sind schon kräftige Burschen an den Start einer neuen Aufgabe gegangen und mussten bald aufgeben. Sie haben sich ihre Kraft falsch eingeteilt. Wer schlau ist, weiß, wo er Kraft tanken kann! Faustregel: Erst wenn Idealismus, Pioniergeist, eine klare Strategie und gute Gesundheit zur Ausrüstung gehören, nimmt der erprobte Kämpfer die Herausforderung an.

3. Das Kerngeschäft

Entfernen Sie sich nicht zu weit von Ihrem erprobten Tätigkeitsfeld! Welcher Geschäftszweig ist am ertragreichsten? Wodurch wird Ihrer Unternehmung die größte Rendite gesichert? Trotz all der neuen Ideen und reizvollen Wachstumsmarkt-Chancen sollte Ihr Core Business stets im Fokus Ihrer Aufmerksamkeit bleiben. Fazit: Verlieren Sie Ihre Ursprungs-Kompetenz nie aus den Augen!

4. Die Konditionen

Gemeint sind hier Ihre Liefer- und Zahlungsbedingungen. Gibt es für Ihre Kunden Skonto-Vorteile, wenn Sie gleich oder bar zahlen? Werden Rabatte oder generelle Ermäßigungen eingeräumt? Viele Unternehmen gewähren unter bestimmten Kriterien Ratenzahlungen (Kapitel 26).

Der Stolperstein in 18 Sekunden: Die hohe Geschwindigkeit, mit der Sie Ihre Entscheidungen treffen müssen, kann zum Stolperstein werden. Das K9-Karussell hilft, die wichtigsten neun Kriterien Ihres Geschäftes immer im Blickfeld zu haben und sich dabei auch noch schnell im Markt drehen zu können.

Geschäftskonditionen müssen jedoch in beide Richtungen durchdacht werden: Sie als zahlender Kunde müssen andererseits Ihre Konditionen mit Lieferanten, Banken, Versicherungen, ... klären.

5. Die Koalition

Welche Zweckbündnisse können für Sie sinnvoll sein? Gibt es aus der eigenen Branche oder in Ihrem Geschäftsbezirk geeignete Koalitionspartner für gemeinsame Werbemaßnahmen oder geschäftliche Synergien? Im Englischen existiert der Wirtschaftsbegriff: „Coopetition". Beispiel: Selbst der Branchenriese Microsoft ist von der ursprünglichen Strategie der Konfrontation gegen Open Source seit 2007 abgerückt. Die Koalition mit dem ehemaligen Mitstreiter ist ein Musterstück für Coopetition (Kapitel 18).[29]

6. Der Konflikt

Überall lauern Konflikte[30]. Kaum ein Chef wird von Problemen und Streitigkeiten mit Kunden, Mitarbeitern, Lieferanten, dem Vorstand oder Eigentümer verschont. Spätestens in der eigenen Familie erleben wir Beziehungs- und Generationskonflikte nach vorne oder/und nach hinten – also mit den Eltern oder/und unseren Kindern.

Im Führungssessel sitzen Sie wie im Schaufenster. Jeder sieht, wie Sie im Streitfall reagieren. Ihren Mitarbeitern sind kleine Zickereien oder Ungerechtigkeiten verziehen – nicht dem Chef. Sie geben aufgrund Ihrer

---

[29] Coopetition ist ein aus den englischen Begriffen cooperation und competition zusammengesetztes Kunstwort. Es steht für den Versuch, die Dualität von Konkurrenz und Kooperation unter einen Hut zu bekommen. Coopetition ist eine praktische Anwendung der Mechanismus-Design-Theorie, für die im Jahr 2007 der Nobelpreis in Wirtschaftswissenschaften vergeben wurde (Kapitel 19).

[30] Siehe auch *Lackner; Triebe:* Rede-Diät®, 2006.

Position nicht nur den Ton an, sondern Sie sind auch Role Model in der Kontroverse. Ihre Vorbildwirkung wird im Unternehmen Schule machen.

7. Die Kompetenz

Fähigkeiten richtig einzuschätzen und weiterzuentwickeln ist eine Kunst. – Das wusste schon Kennedys Verteidigungsminister, *Robert Strange McNamara,* als er sagte: *„Management ist die schöpferischste aller Künste. – Es ist die Kunst, Talente richtig einzusetzen."* Kompetenz ist überall gefragt: beim Individuum, im Unternehmen und in der Kommunikation. Unter Kompetenz versteht man bei Führungskräften schon lange nicht mehr nur das fachliche Know-how. Erst der richtige Umgang mit Wissen ermöglicht Handlungs- und Problemlösungsmöglichkeit. Es geht daher in vielen Branchen beim Kompetenzmanagement primär darum, eine gemeinsame Sprache für die bestehenden Prozesse zu finden: Zuerst definiert man notwendige und vorhandene Kompetenzen im Unternehmen, erst dann ist es sinnvoll, fehlende auf dem Markt zu suchen *(Recruiting),* um sie im Unternehmen weiterzuentwickeln *(Development)* und ihre Besitzer zu entlohnen *(Compensation).*

8. Das Kapital

In der Betriebswirtschaft versteht man darunter: Geld kauft Arbeit und Produktionsmittel, um das Produkt mit Gewinn zu verkaufen. Es ist also nicht nur wichtig, über Deckungsbeiträge und Gewinnschwellen Bescheid zu wissen, sondern auch langfristig finanz-strategisch zu planen. Wie sichern Sie Ihr Firmenkapital ab? Welche Investitionen kommen in den nächsten Jahren auf Sie und Ihr Team zu? Strategische Berater und Finanzprofis an Ihrer Seite zu wissen hilft Ihnen ruhiger zu schlafen. Wie sich der Cashflow eines Unternehmens bewegt, erfährt man oft aus dem Geschäftsbericht. Immer häufiger veröffentlichen Unternehmen, die nicht publizitätspflichtig sind, solche Geschäftsberichte. Diese enthalten neben der Selbstdarstellung des Unternehmens in der Regel nur ausgewählte Zahlen zum Jahresabschluss, aber keine vollständige Bilanz oder Gewinn- und Verlustrechnung.

9. Die Konsequenz

Durchhaltevermögen hat eine Menge mit Disziplin und Balance zu tun. Wann immer Sie etwas entscheiden, anordnen oder selbst tun – Sie müssen die Konsequenzen im Vorfeld kalkulieren (Kapitel 13), um nicht Opfer von Kausalketten zu werden.[31]

Beispiel 1:

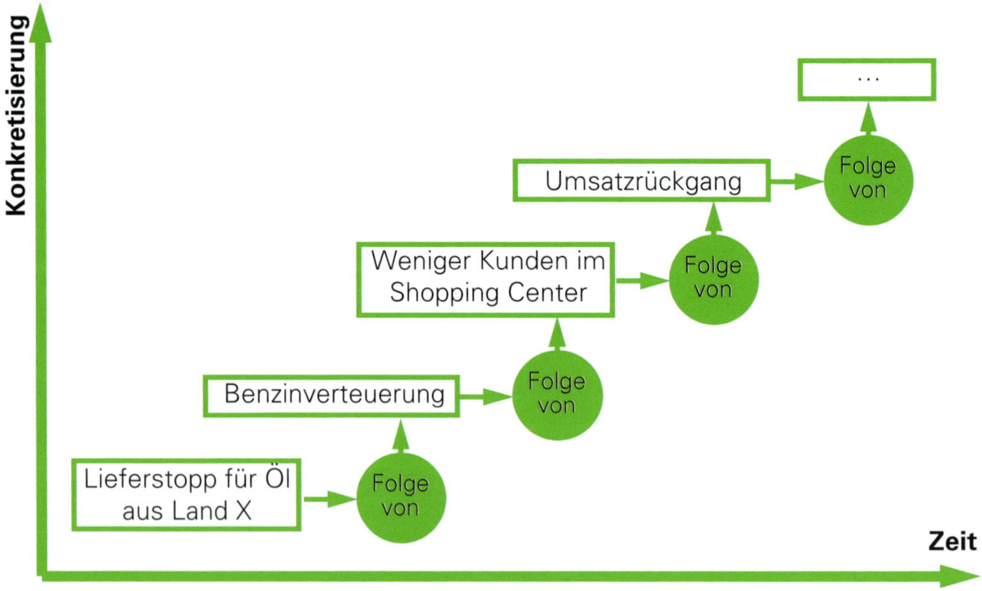

[31] *Nickel,* Oktober 2004, http://de.wikipedia.org/wiki/Bild:Kausalkette.jpg, Stand 11.11.07.

Worst Case-Situationen in Form von möglichen Kausalketten vorzudenken unterstützt dabei, sich gedanklich zu wappnen. Außerdem macht es vielen Führungskräften Spaß, Kausalketten anzufertigen. Schließlich möchte jeder das Gefühl haben, mit seinem Schaffen etwas Konkretes zu bewirken. In Kausalketten zu denken ist reine Übungssache. Versuchen Sie es und vervollständigen Sie das Gedankenspiel:

Beispiel 2:

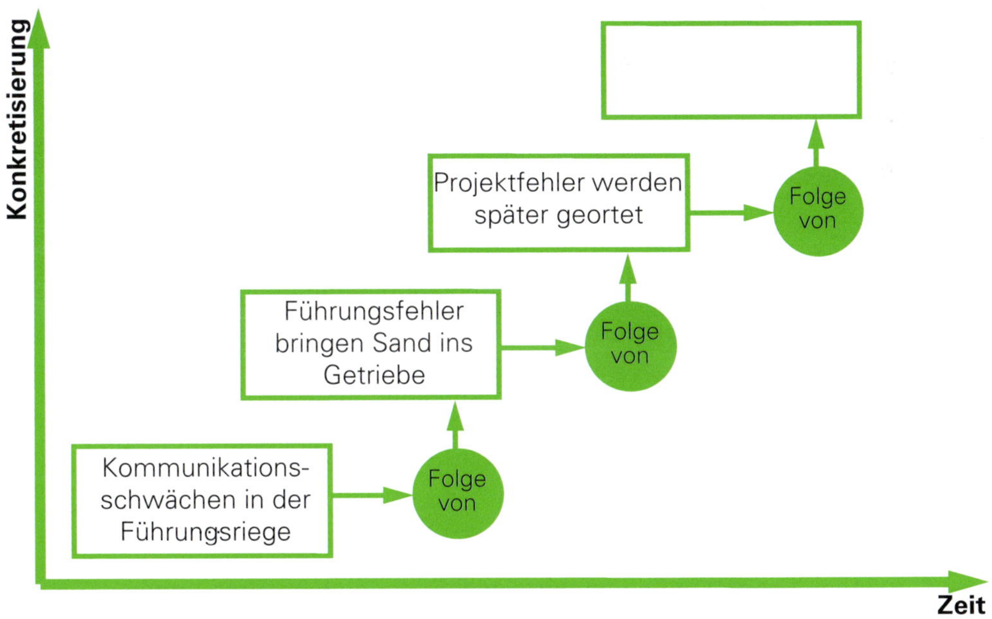

BE BOSS TRAINING 19

Kurzcheck der 9 Kriterien:

Bei vielen Chefs sind diese neun Kriterien nicht alle gleich gut entwickelt. Sie sehen hier auf einem Blick, wo Sie schwächer und wo überdurchschnittlich gut positioniert sind.

1. Meine Kraft

0 5 10

2. Mein Fokus aufs Kerngeschäft

0 5 10

3. Unsere Zahlungskonditionen (intern und extern)

0 5 10

4. Meine Koalitionen mit anderen Unternehmungen

0 5 10

5. Mein Konfliktmanagement

0 5 10

6. Meine Kompetenz Menschen richtig einzusetzen

0 5 10

7. Unser Kapital und seine vorausschauenden Veranlagungen

0 5 10

8. Meine Konsequenz in der Umsetzung

0 5 10

Kapitel 20

Rang-Dynamik-Modell

Harmonie entsteht nicht durch permanentes Ja-Sagen, sondern durch klare Grenzen. Auch Ihr Team kann im Streben nach Einmütigkeit unproduktiv werden. Der Effekt bei all zu homogenen Gruppen ist der gleiche wie bei einem Fischaquarium ohne Frischwasser. Im trüben Wasser wird den Tieren die Lebensgrundlage entzogen. Wichtig ist die Besetzung, das Tempo und der Fluss in der Gruppe. Erst durch diese Dynamik können Entscheidungen getroffen werden und Entwicklung findet statt.

Durch die richtige Besetzung zum Longseller

Ob im griechischen Drama oder Hollywood-Blockbuster, die Rollenverteilung spiegelt die Gesetze der Rangdynamik wider[32]. Es gibt den Hauptdarsteller, unseren Helden, mit dem wir lachen und weinen. Das griechische Wort für Held, Heros, bedeutet seiner Wurzel nach „schützen und dienen". Ein Heros ist also ein Mensch, der bereit ist, seine eigenen Bedürfnisse dem Nutzen der Gemeinschaft unterzuordnen. Er hat meis-

[32] *Christopher Vogler* ist Mitarbeiter des renommierten Filmdepartment der USC (University of Southern California) im Bereich Stoffentwicklung und Autorenbetreuung. Er ist Leiter der Stoffentwicklungsabteilung von TwentiethCentury Fox, Fox 2000.

tens einen weisen Mentor zur Seite. Der Mentor entspricht im Film dem Typ „weise alte Frau", „weiser alter Mann". Zumeist sind es positiv besetzte Figuren, die den Helden ausbilden und unterstützen.

Der „Bösewicht" bringt Schwung ins Geschehen. Bedeutsam bei der Charakterzeichnung ist, dass Protagonist und Antagonist gleich stark sind. Alle Nebenfiguren – die englische Bezeichnung „Supporting Character" ist viel treffender – tragen die Geschichte. Im Film „Star Wars" ist diese Gesetzmäßigkeit gut nachzuvollziehen.

Raoul Schindlers[33] Rangdynamik-Modell ist für Teamleiter eine sehr praxisnahe Unterstützung, es hilft die Gruppe richtig einzuschätzen und die passenden Schritte zu wählen. Jede Gruppe konstituiert sich, um gegen oder für etwas zu kämpfen. Eine Gruppe lebt jedoch nicht nur von ihrer Abgrenzung nach außen, sondern zu einem wichtigen Teil von der Beziehungsdynamik innerhalb des Teams.

Die Rangordnung gliedert sich nach verschiedenen für die Gruppe existenziellen Funktionen, die einander in einem dynamischen Gleichgewicht beeinflussen. Um tendenziöse Wertvorstellungen auszuschalten, hat *Raoul Schindler* die Teammitglieder nach dem griechischen Alphabet benannt.

33 *Raoul Schindler* (1923 in Österreich geboren) ist einer der führenden Experten für Gruppendynamik, Univ.-Dozent für Psychiatrie und Psychotherapie und gründete im Rahmen der Psychiatrie-Reform 1965 die Gesellschaft „Pro Mente".

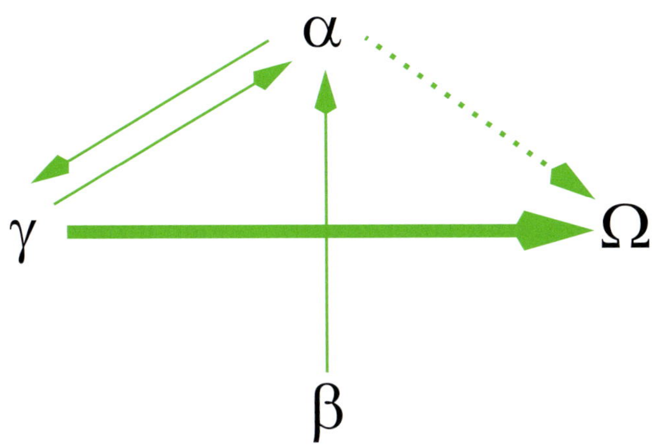

Entsprechend der Charakterstruktur wählen die einzelnen Gruppenmitglieder ihren Platz, wobei die Gruppensituation und der Charakter des Einzelnen ausschlaggebend sind.

Wer spielt welche Rolle in Ihrem Team?

Können sich mehrere für eine Idee begeistern, machen sie den Ideenbringer zu ihrem Anführer. Der **Alpha** – unser **Protagonist** – muss die Wert- und Zielvorstellungen der gesamten Gruppe repräsentieren. Seine Aufgabe ist es, das Team vor Angriffen von außen zu schützen, er ist Vorbild und gibt die Richtung an. Seine Ziele sind die Ziele der Gruppe. Er spricht die Bedürfnisse der Gemeinschaft aus und wichtige Themen an.

Beta – im Film unser **Mentor** – repräsentiert die Sachkenntnisse. Seine Position ist unangefochten, wenn er Leistungen aufweisen kann und

Der Stolperstein in 9 Sekunden: Kraft = Masse x Beschleunigung. Wer die internen Kräfte in seinem Team nicht kennt, läuft Gefahr, dass er von der Gruppendynamik überrollt wird.

fachlich zumindest immer einen Schritt voraus ist. Die Identifikation mit der Gruppe steht bei diesem Experten deutlich im Hintergrund, doch die Zielvorstellungen sind die gleichen. Häufig finden wir heute Spezialisten in Führungspositionen (■■■ Kapitel 2).

Gammas – „Supporting Characters" – identifizieren sich mit Alpha. Sie tragen einen Großteil der Arbeitsleistung. Ohne ihre Umsetzungsstärke und Kontinuität würde jedes System scheitern. Der Vorteil der Gamma-Position besteht darin, dass die Hauptverantwortung auf anderen Schultern liegt.

Der **Omega – Antagonist** – ist der Kritiker und stellt die Richtung und das Procedere der Gruppe in Frage. Seine Fähigkeit, Sachverhalte zu sezieren und Gefahren aufzuzeigen, ist unerlässlich, um das Ziel zu erreichen. Überzeugt der Gegenspieler jedoch die Teammitglieder von seinen Ideen, bedroht er die Position des Protagonisten. Somit hat jeder Omega das Zeug, der neue Alpha zu werden, und das Spiel beginnt von vorne.

Auf diesem System des Kräftemessens sind nicht nur Soap-Operas und Telenovelas aufgebaut. Niemand hat in der Rangdynamik eine Position für immer und ewig. So wie Filmschauspieler einmal als Held und dann wieder als Bösewicht besetzt werden. Ein Aspekt, der für Management und Führungsarbeit von großer Bedeutung ist.

Jeder, der mit Gruppen arbeitet, hat die Aufgabe, die in der Gruppe wirkenden Kräfte zu berücksichtigen. Sowohl zu hoher Gruppendruck als auch die Gangart *„Wir haben uns alle lieb und der Kaffee schmeckt so gut"* behindern Teams gewaltig.

Wie erkenne ich …

… Protagonisten?	… Mentoren?	… Supporting Characters?	… Antagonisten?
Wer repräsentiert die Gruppe nach außen?	Wer meldet sich vor allem dann zu Wort, wenn es um faktisches Know-how geht?	Wer identifiziert sich am ehesten mit den Meinungen und dem Verhalten des Protagonisten?	Wer bleibt kritisch und zeigt Gefahren auf?
Wer spricht oft aus der „Wir-Position"?	Wer argumentiert vorrangig sachorientiert und aufgrund anerkannter Expertisen?	Wer stimmt den Vorschlägen des Protagonisten häufig zu?	Wer reagiert am ehesten aggressiv gegen den Protagonisten?
Wer formuliert Gruppenziele, die auch allgemein anerkannt werden?	Wen fragt der Protagonist am ehesten in schwierigen Situationen um Rat?	Wer reagiert mehr oder weniger aggressiv auf die Inputs des Antagonisten?	Wer scheut sich nicht Konflikte anzusprechen?
Wer formuliert neue Ziele und Strategien?			Wer versucht seinerseits auf die Gruppe einzuwirken und zu warnen?

Wie viele Menschen bilden ein Team?

Die meisten Vorgänge im Arbeitsalltag spielen sich in Projekten ab. Gruppen, die für eine begrenzte Zeit und für einen ganz speziellen Zweck zusammengerufen wurden, nennt man **„Ad-hoc-Gruppen"**. Die Qualität einer Gruppe kann unter anderem auch an der Interaktionshäufigkeit[34] gemessen werden. Bei fünf Personen zeigt die Statistik 10 Interaktionen. Bei 15 Teilnehmern wurden unüberschaubare 105 Interaktionen gemessen. Wählen Sie lieber eine ungerade Personenzahl, um „Patt-Situationen" zu vermeiden.

Ausschlaggebend für den Output einer Gruppe sind zudem noch folgende Faktoren:

- **Kreativität – Zu viele Köche verderben den Brei!** Eine Person erbringt 30% kreativen Output, ab zwei Personen steigt die Kreativität auf 55%. Ideal sind Gruppen mit sieben Teilnehmern. Jedes zusätzliche Gruppenmitglied erhöht die Komplexität und damit den Koordinationsaufwand. Die Gefahr steigt, dass Einzelne sich hinter der Gruppe „verschanzen". Sie sind zwar körperlich anwesend, doch gedanklich absent. Frei nach dem Motto: Wer nix sagt, kann nix falsch machen. Arbeiten Sie gerne mit Kreativitätstechniken (z. B. Brainstorming)? Die Praxis zeigt, dass ein Brainstorming in der Gruppe wenig wirkungsvoll ist. Viel effektiver ist es, wenn die Teilnehmer ihre Gedanken bereits im Vorfeld sammeln. Die Ergebnisse werden in der Folge im Meeting zusammengeführt.

- **Fehlerrate – 6 Augen sehen mehr!** Schon ab drei Personen sinkt die Fehlerrate auf 50%. Mit ein Argument, warum bei wichtigen Entschlüssen oder Kontrollvorgängen (z. B. Aufsichtsrat) immer mindestens drei Menschen kooperieren sollten. Der Triple-Check hat sich auch bei relevanten Daten oder Verträgen sehr bewährt. Dazu ein Ex-

[34] Vgl.: *Clemm,* 1985.

periment: Auf einem Blatt Papier befinden sich 100 Punkte. 10 Personen schätzen lautlos, wie viele Punkte es sind. Das Ergebnis umfasst eine Spannweite von 75–250 Punkten. Der Mittelwert hingegen tendiert gegen 100, Über- und Unterschätzungen werden mit zunehmender Teilnehmerzahl ausgeglichen. Wiederum treffen wir hier auf die magische Zahl 7! Bei sieben Teilnehmern sinkt die Fehlerwahrscheinlichkeit auf 20%.

Organisationsaufwand – mieten Sie keinen Bus, wenn Sie einen Geländewagen brauchen! Eine Gruppe mit ca. sieben Teilnehmern kann durch gute Moderation leicht gelenkt werden. Sofern Nebengespräche tabu sind, gibt es maximal 21 mögliche Interaktionen. Wächst das Unternehmen sprunghaft und sind es plötzlich 40 Personen, erhöht sich der Organisationsaufwand signifikant! Der Alltag im Europaparlament und den dazugehörigen Gremien zeigt, wie schwierig es auch organisatorisch ist, so viele Interessen unter einen Hut zu bekommen. Es gilt alles neu zu überdenken: Räume, formale Richtlinien, Organigramme etc. Für unsere Trainingsgruppen gilt die Obergrenze von 15 Teilnehmern, noch besser sind 12 Personen. Denn auch hier ist Freiraum für Interaktion und Kreativität, aber auch eine Form der Selbstregulation durch das Team gefordert.

BE BOSS TRAINING 20

Diese Übung soll Ihnen helfen, die gruppendynamischen Prozesse in Ihrem Team besser zu überblicken. Skizzieren Sie die Rangdynamik und beantworten Sie folgende Fragen!

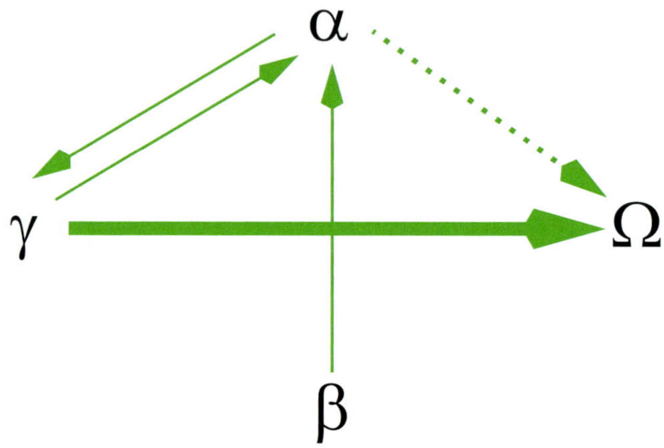

Sind alle Teammitglieder gemäß ihren Fähigkeiten und charakterlichen Dispositionen richtig aufgestellt?

Welche innere Kraft könnte den Erfolg Ihrer Truppe gefährden?

In welchem Bereich behindert sich das Team durch zu viel Einmütigkeit selbst?

Kapitel 21

Der Chef ist Kunde

Remunerationen, Bonusformen und andere Anerkennungszahlungen beeindrucken nicht jeden Teamspieler in gleicher Weise. Vielen wäre es bedeutend lieber, mit Respekt und Feedback von „denen da oben" wahrgenommen zu werden. Zudem verleiten finanzielle Belohnungssysteme Menschen zu falscher Arbeitseinstellung. Es ist wie in der Erziehung unserer Kinder: Das Klassenziel muss nicht erreicht werden, weil Papi dann mit einem Fernreise-Voucher lockt oder Mami zum Großshopping einlädt, sondern weil das Kind was lernen soll.

Wer bei seinen Mitarbeitern mit der Attitüde: *„Los Chef, motiviere mich mal!"* kämpft, hat bereits Führungsfehler gemacht. Denn: die Begeisterungsfähigkeit des Chefs plus der Grundmotivation des Mitarbeiters sollten genügen, um inspiriert über die Runden zu kommen. Andernfalls gilt das Prinzip: Wenn der Hase seine Karotte nicht selbst findet, kann er sich in die Blume beißen (■■■ Kapitel 15)!

Der Stolperstein in 16 Sekunden: Laufend neue Motivationskarotten in Form von Prämien, Incentives und finanziellen Anreizen zu entwickeln, verringert den Handlungsantrieb. Der Chef ist Kunde des Mitarbeiters, nicht umgekehrt.

Stimmung im Keller – Motivation low. Angenommen, Sie haben als Vorgesetzter schon alles versucht, um Ihre Truppe in Schwung zu bekommen, vielleicht hilft Ihnen eine der folgenden drei Betrachtungen:

Der Chef ist Kunde

Besser als den Chef rauszukehren, ist sich als Kunde des Mitarbeiters zu positionieren. Dabei sollten Sie noch einmal in aller Ruhe die wesentlichen Punkte, die schief gelaufen sind, reklamieren und eine Lösung einfordern. *„Ich will gefälligst Ergebnisse, weil ich bin der Boss!"*, wirkt unsympathischer als der moralische Appell: *„Nachdem Sie vor kurzem eine Prämie erhalten haben, ist es für unser Unternehmen wichtig, dass Ihre Leistungsbereitschaft verstärkt spürbar wird."*

Synthetischer Tornado

Wenn das Team nicht anbeißt – eskalieren Sie Dinge! Malen Sie ein schwarzes Drohbild und konkretisieren Sie die Auswirkung auf jeden Einzelnen. Synthetische Tornados helfen, besonders erfolgsverwöhnte Abteilungen wieder zum Laufen zu bringen. *„Wenn wir in diesem Monat noch drei Großkunden an Land ziehen, wird uns der Mitbewerb vom Markt nicht verdrängen können. Bisher waren wir die Nummer 1. Ich möchte auch weiterhin mit den Besten arbeiten."* Diese Form der Angstmotivation darf allerdings nur sehr punktuell eingesetzt werden.

Gemeinsamkeit siegt

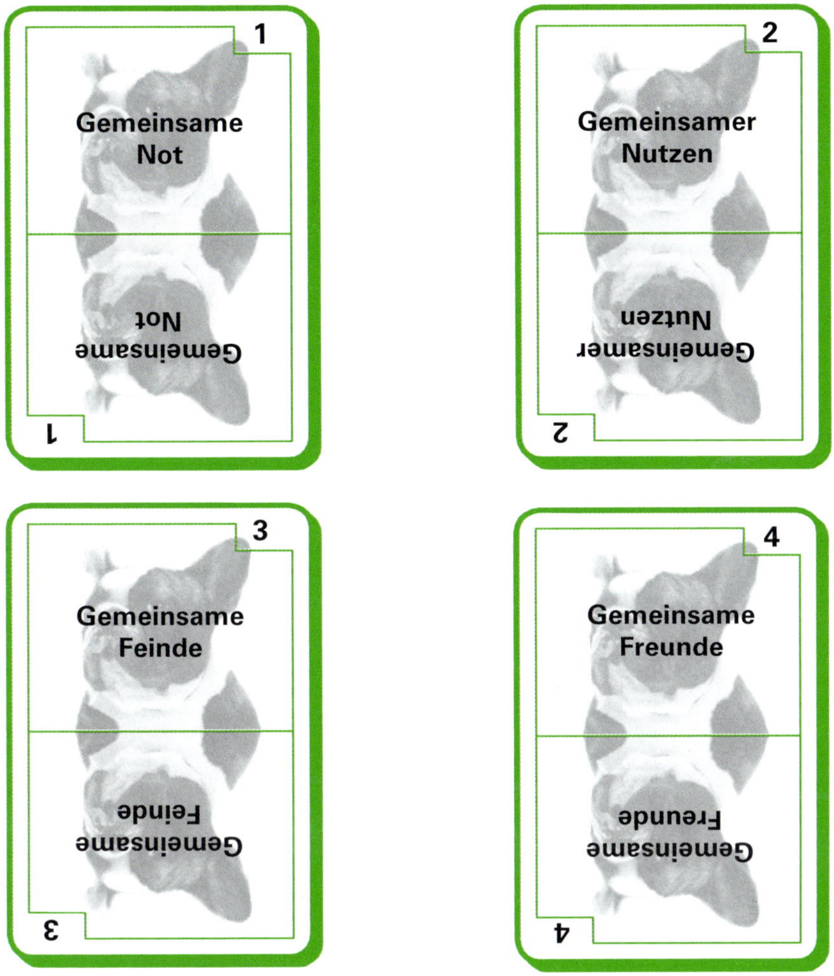

Als wirksam, um Konkurrenz zu überwinden und gute Mitarbeiterbeziehungen herzustellen, haben sich vier Faktoren erwiesen:

1) Die **gemeinsame Not** verbindet nicht nur Fremde im Aufzug oder im Katastrophenfilm, sie ist generell ein guter Kleber, um Front nach außen zu bilden. Das Wir-Gefühl tritt an die Stelle individueller Ohnmacht und gibt Hoffnung.

2) Der **gemeinsame Nutzen** von zwei Parteien – die Win-Win-Situation. Synergien werden im Geschäftsleben immer beliebter. Das Prinzip „eine Hand wäscht die andere" kann aber extern als Packelei oder Freunderlwirtschaft interpretiert werden.

3) **Gemeinsame Feinde** schweißen vor allem in Sachen verletzter Stolz ordentlich zusammen. Wenn der größte Konkurrent des Chefs zugleich der ungeliebte Ex-Dienstgeber des Mitarbeiters ist, sind die beiden durch eine Kampfmission verbunden: *„Dem werden wir es zeigen!"*

4) Ähnliche Wellenlänge – verbindet ebenso: Chef und Mitarbeiter – beide passionierte Whiskeytrinker oder Kite-Surfer – eint ihr Interesse. Auch die **gemeinsamen Freunde** aus dem Klub schweißen zusammen. Oft finden sich in harmonischen Managementteams Menschen, die von ähnlichen Werten geleitet sind.

BE BOSS TRAINING 21

Überlegen Sie, bei welchem Ihrer Teamplayer der „synthetische Tornado“ gut funktioniert. Wen könnten Sie hingegen mit dem moralischen Appell „Chef ist Kunde“ besser in Gang bringen? Wissen Sie genug über Ihre Mitarbeiter, um Gemeinsamkeiten zu definieren? Formulieren Sie die Beispiele aus!

Strategie	**Beispiel aus meinem Team**
Der Chef ist Kunde	
Synthetischer Tornado	
Gemeinsamkeit siegt	

Kapitel 22

Das Mitarbeitergespräch

Wohl niemand geht mit großer Freude zur Vorsorge-Untersuchung. Doch dieser Check kann überlebenswichtig sein! Nur durch die Blut-Analyse wissen Sie, wie gesund Ihre Lebensführung ist. Der Arzt erkennt Ernährungsfehler, bekommt Hinweise auf potenzielle Krankheiten. Anhand Ihrer Ergebnisse können Sie gemeinsam bestimmen, was für Sie gut ist. Das Mitarbeitergespräch ist der jährliche Gesundheitscheck für Sie und Ihre Mitarbeiter.

Kommunikation kann konkav, konvex oder gerade verlaufen (■■■ Kapitel 12). Das Mitarbeitergespräch steht für gerade Kommunikation. Es ist weder ein gemütlicher Kaffeetratsch noch eine knallharte Preisverhandlung. Ein gut geführtes Gespräch bringt Motivation und die Leistungsbereitschaft steigt stetig.

Durch das jährliche Vieraugengespräch:

- evaluieren Sie die vergangene Arbeitsperiode

Der Stolperstein in 12 Sekunden: Das Mitarbeitergespräch ist eines der wichtigsten Führungsinstrumente. Wer es nicht ernst nimmt, muss mit unerwünschten Nebenwirkungen rechnen!

- unterstützen Sie die persönliche Weiterentwicklung
- definieren Sie gemeinsam Ziele und Perspektiven
- fördern Sie die Qualität der Zusammenarbeit
- schaffen Sie eine solide Basis für Vertrauen

Lieber vorbereiten als nachbessern!

Das gilt für Sie als Boss genauso wie für Ihr Team! In vielen Unternehmen gibt es eine Checklist für Mitarbeitergespräche. Eine Vorlage dafür finden Sie im Anschluss. Je genauer Sie sich vorbereiten, desto präziser wird Ihr Feedback ausfallen. Schon durch die gedankliche Auseinandersetzung erhalten Sie ein klares Bild von den Anforderungen, die Sie an den Mitarbeiter haben und wohin er sich entwickeln kann. Sinnvoll ist, mit dieser Vorarbeit nicht erst drei Wochen vor dem Termin zu beginnen, sondern auch während des Jahres immer wieder ein Stimmungsbild des Teams anzufertigen.

Wann sind Mitarbeitergespräche ideal?

- am Ende der Probezeit
- nach Ablauf eines befristeten Arbeitsvertrags
- bei Vertragsbeendigung, Auflösung bzw. Kündigung
- zur jährlichen Mitarbeiterbewertung, Förderung und Potenzialentwicklung

- bei Rückkehr nach Arbeitsunfähigkeit bzw. Krankheit
- zur Konfliktanalyse, -moderation

Wichtige Punkte der Vorbereitung:

1. Informieren Sie Ihre Mitarbeiter zirka vier Wochen vor dem Gespräch!
2. Legen Sie Ort und Zeit des Gesprächs fest. Ein Besprechungsraum ist neutraler und damit besser geeignet als das „Chefzimmer".
3. Nehmen Sie sich zumindest eine Stunde Zeit! Sie besprechen ja auch privat wichtige Themen nicht zwischen Tür und Angel. Bei voraussichtlich problematischen Gesprächen ist es sinnvoll, sogar noch mehr Zeit einzuplanen.
4. Nehmen Sie zum Vergleich das Protokoll des letzten Gespräches zur Hand und schätzen Sie die Entwicklung der aktuellen Arbeitsperiode. Sammeln Sie konkrete Feedback-Beispiele.
5. Überlegen Sie realistische Ziele für die Zusammenarbeit!
6. Denken Sie darüber nach, welche Möglichkeiten Sie haben, um diesen Mitarbeiter noch besser zu unterstützen.

Mitarbeiter: .... **Position:**

Aufgabenanalyse: Beim Unternehmen seit:

	Boss Einschätzung	Voraussichtliche Selbsteinschätzung
Erreichte Ziele:		
Nicht erreichte Ziele: Warum nicht erreicht?		

Bestimmen Sie die Qualität der Zusammenarbeit

Zwischen Ihnen und dem Mitarbeiter	0 5 10 Warum so gut oder schlecht?
Im Team	0 5 10 Warum so gut oder schlecht?

Besondere Stärken?	1. 2. 3.	1. 2. 3.
Besondere Schwächen?	1. 2. 3.	1. 2. 3.

Arbeitszufriedenheit	Boss Einschätzung	Voraussichtliche Selbsteinschätzung
	0 5	0 5

Ziele: SMART! (Kapitel 13)	1. 2. 3.	1. 2. 3.
Weiterbildung	Persönlich: Sozial: Fachlich:	Persönlich: Sozial: Fachlich:
Konkrete Maßnahmen:		
Perspektive mittelfristig: persönliche Interessen und Schwerpunkte, Vorstellungen, Wünsche und Erwartungen an die berufliche Tätigkeit und Entwicklung, Einsatzbereiche, zusätzliche oder geänderte Aufgaben.		
Perspektive langfristig (5 Jahre)		

Der Monolog ist kein Dialog – der Dialog kein Verhör

Manche Führungskräfte neigen dazu, das Mitarbeitergespräch in einen Vortrag oder im schlimmsten Fall zu einer Standpauke mutieren zu lassen. Beides ist hier nicht angebracht. Andere wiederum sind so versessen aufs Fragenstellen, dass gar kein richtiges Gespräch in Gang kommt. Nicht nur Kommunikations-Situationen sind konkav, konvex oder gerade, sondern auch die einzelnen Phasen der Unterhaltung!

Phase 1: konkav

Gute Kommunikation ist mit einem Tanz vergleichbar. Fordern Sie Ihren Tanzpartner auf. Schauen Sie Ihrem Gegenüber in die Augen! Es dauert einige Sekunden, bis man den andern wirklich wahrnimmt. Sprechen Sie Ihr Visavis ruhig öfter, jedoch nicht inflationär, mit Namen an – das erhöht die Aufmerksamkeit. Schon diese Kleinigkeit trägt zu einer besseren Beziehung bei. Eröffnen Sie das Gespräch mit einem positiven Statement. Beschreiben Sie den Status quo und erörtern Sie in kurzen Worten, was Ihnen aufgefallen ist. Gute Kommunikation findet auf gleicher Augenhöhe statt.

Drei konkave Stilmittel:	Beispiel:
Ich-Botschaften Vor allem beim Feedback-Geben sind Ich-Botschaften unersetzlich!	*„Frau Wagner, ich habe mir in der Vorbereitung auf unser Gespräch Feedback von einigen Kunden geholt. Fast alle sind begeistert davon, wie kompetent Sie auftreten, das gefällt mir sehr."*
Verbalisieren: Hier geben Sie dem, was Sie auf emotionaler Ebene wahrnehmen, Worte.	*„Ich hab den Eindruck, dass Sie gerne arbeiten. Sie verfügen auch bei schwierigen Kunden über schier immense Geduld."*
Eröffnungs-Frage: Beziehen Sie sich durch diese Frage auf das letzte Gespräch oder auf eine Beobachtung, die Sie gemacht haben.	*„Im letzten Meeting haben Sie eine interessante Anmerkung über das Projekt CRM gemacht. Wollen Sie zukünftig intensiver in diesen Bereich eingebunden sein?"*

Phase 2: gerade

Gerade Kommunikation steht für nachvollziehbare Argumente. Wie beurteilen Sie die Arbeitsleistung des Mitarbeiters? Gehen Sie auf Stärken und Schwächen gleichermaßen ein. Es gibt Menschen, die Inkompetenz, Misstrauen und Fehlverhalten ansprechen können, ohne die Beziehung zu belasten. Ihr Erfolgsgeheimnis: Sie kritisieren nicht den Menschen, sondern ausschließlich sein Handeln. Vermeiden Sie strikt Schuldzuweisungen, suchen Sie lieber nach einer gemeinsamen Lösung.

Sinnlos ist es, um den heißen Brei herumzureden. Kommunizieren Sie klar, wo der Fehler liegt. Untermauern Sie Ihr Feedback unbedingt mit einem konkreten Beispiel, nur so wird für Ihren Mitarbeiter nachvollziehbar, worauf Sie sich beziehen.

Die große österreichische Schriftstellerin *Ingeborg Bachmann* prägte den Satz: *„Die Wahrheit ist dem Menschen zumutbar."* Dieser Gedanke ist ein guter Leitfaden für negative Kritik. Hart in der Sache, sanft zur Person[35]. Räumen Sie die Möglichkeit ein, Missverständnisse aufzuklären, Rechtfertigungsarien sollten Sie jedoch unterbinden, die sind völlig fehl am Platz und wirken destruktiv.

Welche Perspektiven gibt es und wie lauten die messbaren Ziele für die nächste Arbeitsperiode? Besprechen Sie persönliche Qualifizierungs- und Fördermaßnahmen. Zeigen Sie Gefahren und positive Konsequenzen von Veränderungen[36] auf.

---

[35] Siehe *Lackner; Triebe:* Rede-Diät®, 2006, Kapitel Konflikte, S. 157 ff.
[36] Siehe *Lackner; Triebe:* Rede-Diät®, 2006, Kapitel Argumentation, S. 91 ff.

Phase 3: konvex

In den vielen Trainings, die wir im Laufe der Jahre durchgeführt haben, war ein Kommunikations-Fehler besonders offensichtlich: Führungskräfte überprüfen nur in den seltensten Fällen, was vom Gesagten beim Visavis tatsächlich angekommen ist. Missverständnisse finden so einen fruchtbaren Boden. Wir alle hören selektiv zu, manchmal bleibt man auch bei einem Gedanken länger hängen, während der andere weiterspricht. Gewisse Inhalte sind reizvoller – im positiven wie im negativen Sinn – als andere. Auch die Interpretation der Worte ist nicht bei allen Menschen gleich. Nehmen Sie ein Grundgesetz der Kommunikation[37]: „Wahr ist nicht, was A sagt, sondern B versteht" ernst und checken Sie immer wieder, welcher Teil Ihrer Botschaft angekommen ist. Falsch verstandenes **Checken** bedeutet nach jeder Redesequenz zu fragen: *„Was haben Sie verstanden?"* Das ist plump und klingt, als würden Sie Ihr Gegenüber für dumm halten. Besser ist, den anderen durch weiterführende und vor allem offene Fragen einzubinden.

Beispiele und passende Frageworte beim Checken:

*„**Inwieweit** haben Sie diese Lösung schon in Betracht gezogen?"*

*„**Welche** Informationen brauchen Sie dafür noch?"*

*„**Wodurch** können Sie den Erfolg messbar machen?"*

---

[37] *Paul Watzlawick* (* 25. Juli 1921 in Österreich; † 31. März 2007 in Kalifornien) war Kommunikationswissenschaftler, Psychotherapeut, Psychoanalytiker, Soziologe, Philosoph und Autor.

*„**An welche Situation** erinnern Sie sich, in der es Ihnen ähnlich gegangen ist?“*

Mit diesen Fragen geben Sie Ihrem Partner die Möglichkeit, unmittelbar zu antworten. Je mehr Sie den anderen einbinden, desto gleichberechtigter und auch wirkungsvoller verläuft das Gespräch.

Das Protokoll

Zum Abschluss des Mitarbeitergesprächs fertigen Sie ein schriftliches Protokoll an, es dient auch als Grundlage für das Folgejahr. Formulieren Sie die konkreten Ergebnisse gemeinsam. Beide sollten zum Zeichen des Einverständnisses das Übereinkommen unterzeichnen. Bei Konsens wird das Dokument Bestandteil der Personalakte. Bei Dissens geben Sie Ihrem Mitarbeiter die Gelegenheit, sich noch vor Aufnahme in die Personalakte schriftlich zu äußern.

BE BOSS TRAINING 22

In welchen Bereichen sehen Sie noch Entwicklungsmöglichkeiten für sich selbst?

Mitarbeitergespräch		**mache ich bereits** ✔	**will ich verbessern** !
konkav	Positive Gesprächsatmosphäre schaffen		
konkav	Informationen zur aktuellen Situation erfragen und eigene Beobachtungen artikulieren		
gerade	Inhaltlich argumentieren und diskutieren! • 1. Tätigkeitsbereich: Wie sieht dieser genau aus? Was kommt hinzu? Was fällt weg? Mit welcher Konsequenz? • 2. Zielvereinbarung: Welche Ziele sollen bis zu einem bestimmten Zeitpunkt erreicht werden? • 3. Arbeitsbedingungen: Womit? Wo? • 4. Teamarbeit: Wer, was mit wem? • 5. Persönliche und berufliche Perspektiven: Welche Fortbildungsmaßnahmen werden dem Mitarbeiter angeboten?		
konvex	Zusammenfassen Die Schwerpunkte des Gesprächs subsumieren und schriftlich festhalten		
konvex	Gespräch ausklingen lassen		

Kapitel 23

Kündigungsgespräche professionell führen

Esel versus Rennpferd

Zuerst redet der Führungsjockey dem Esel noch gut zu, dann lockt er das sture Tier mit einer Karotte vor der Nase. Schließlich hält er eine Moralpredigt und setzt die Peitsche ein. Manche Jockeys vergessen, dass ein Esel eben kein Rennpferd ist. Dafür gibt es vor unseren Unternehmenstoren Stallungen voll mit gut ausgebildeten Heißblutpferden, die nur darauf warten, endlich galoppieren zu dürfen. Sehr oft zögern Chefs zu lange, bevor sie sich von Mitarbeitern trennen. Die Angst vor übler Nachrede am Markt, Informationsweitergabe an den Mitbewerb und Unruhe im Team spielen dabei die Hauptrolle.

Der Stolperstein in 22 Sekunden: Anstehende Kündigungen zu lange hinauszuzögern ist weder für das Team, den betroffenen Dienstnehmer noch den Vorgesetzten hilfreich. Trennungen gehören auch zum Geschäft. Schwierigkeiten hat jedoch, wer Dienstverhältnisse schlecht vorbereitet auflöst.

Der Kündigungsleitfaden hilft

Damit ein anstehendes Trennungsgespräch souverän und in Ruhe abläuft, hilft ein Gesprächsleitfaden. Der Chef braucht konkrete Kenntnis über die rechtliche Lage, Konsequenzen des Austritts, ... Es ist sinnvoll, diese Punkte stichwortartig festzuhalten. Dann wird der Termin festgelegt. – Zu diesem müssen Sie alle Fakten parat haben. Klären Sie daher offene Fragen im Vorfeld:

1. Unter welchen Bedingungen gestaltet sich der Austritt?
2. Wann endet laut Vertrag das Beschäftigungsverhältnis?
3. Welche arbeitsrechtlichen Schritte müssen eingehalten werden?
4. Welche Kündigungsfrist ist vorgesehen?
5. Besteht noch Resturlaub?
6. Soll ein Vertreter der Personalabteilung beim Gespräch anwesend sein?
7. Wie und wann werden die anderen Teammitglieder über die Trennung informiert?
8. Gibt es Kunden, die es ebenfalls zu informieren gilt?
9. Stellen Sie den Mitarbeiter vorzeitig frei?
10. Stellt das Unternehmen dem gekündigten Mitarbeiter einen Outplacement-Berater zu Verfügung, um sich neu zu orientieren?

Sachliche Kündigung – korrekter Schnitt

Wichtig ist, dass Sie am Beginn des Trennungsgespräches die Kernbotschaft rasch vermitteln. Halten Sie sich nicht mit langwierigem Small Talk auf. Gerade die ersten Sätze sind wichtig. Machen Sie deshalb deutlich, dass die Trennung kein Urteil über die Persönlichkeit Ihres Mitarbeiters ist. Nachdem Sie die Gründe für den finalen zwingenden Schritt sachlich und nachvollziehbar genannt haben, darf auch Platz bleiben für Anerkennung oder Bedauern. – Schließlich hat der Mitarbeiter in den letzten Jahren sicher nicht ausschließlich Fehler gemacht. Wenn Emotionen hochkochen, darf es nicht zu verbalen Entgleisungen und einem späteren Rechtsstreit kommen. Die Kündigungsscheibe hilft Ihnen, mit solchen heiklen Situationen – gut vorbereitet – umzugehen.

Die Kündigungsscheibe

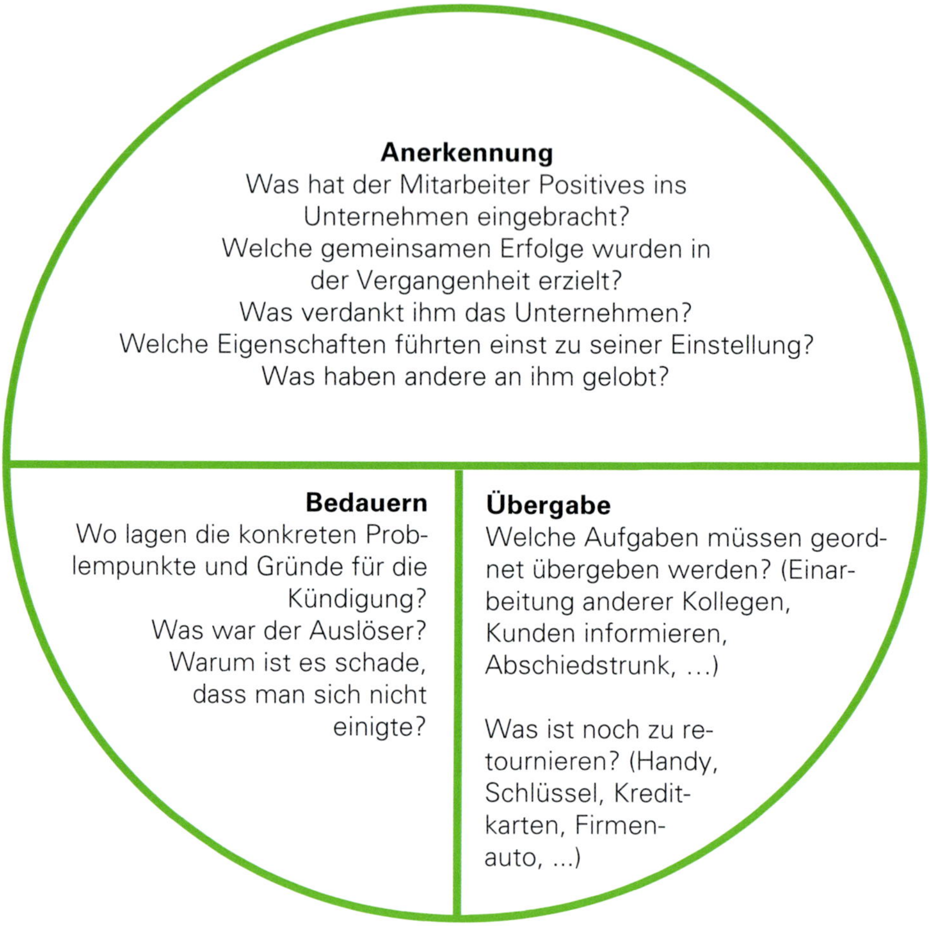

Kündigungs- und Kritikgespräche gehören für Führungskräfte zur Grundausrüstung im Umgang mit anderen Menschen. Kritik üben ist damit ebenso gemeint, wie Feedback vom scheidenden Mitarbeiter annehmen und daraus zu lernen.

Auch wenn das Trennungsgespräch unbeobachtet verläuft, werden Sie von den verbleibenden Mitarbeitern sehr genau unter die Lupe genommen. Das Odeur unmenschlicher oder dilettantischer Trennungspraxis hängt lange in der Luft der Gerüchteküche. Das kostet Sie Kompetenzpunkte – intern, aber auch extern. Wie Sie sich von Mitarbeitern trennen, hat schließlich immer Auswirkungen auf den Ruf des Unternehmens und Sie als Arbeitgeber.

BE BOSS TRAINING 23

Legen Sie einen Kündigungsleitfaden fest! Was möchten Sie erwähnen? Worüber sollte nicht mehr gesprochen werden? Formulieren Sie zu jedem Punkt in der Kündigungsscheibe einige Sätze!

Leitfadenübung	**Satzbeispiele:**
Anerkennung	______
	______
	______
Bedauern	______
	______
	______
Übergabe	______
	______
	______

Kapitel 24

Kommunikationsblockaden und andere Gesprächskiller

Hochgradig misstrauisch sollte jeder Teamleiter werden, wenn Mitarbeiter nur noch positiv über Projekte oder Abläufe berichten. Wenn der Apfel zu süß schmeckt, ist der Wurm drin.

Jedes Jahr im März findet die international bedeutendste Messe der Branche statt. Die Vorbereitungen dauern Monate, auf Hochtouren arbeiten die Abteilungen und geben ihr Bestes während der anstrengenden Messetage. Doch so akkurat auch jeder Einzelne bei der Sache ist, Perfektion gibt es nur im Paradies.

Wieder in den Alltag zurückgekehrt, macht der Geschäftsführer des Unternehmens seinen Rundgang und fragt jeden Einzelnen: *„Wie ist es gelaufen?"* Die einhellige Antwort aller einhundertzwanzig Mitarbeiter ist *„Besser kann es gar nicht mehr gehen!"* Die Konsequenz liegt auf der Hand! Wo nicht kritisch betrachtet wird, ist Verbesserung unmöglich.

Der Stolperstein in 5 Sekunden: Lob als Waffe – lassen Sie sich nicht von Ihren Mitarbeitern manipulieren!

Natürlich muss sich eine Führungskraft darauf verlassen können, dass die Teammitglieder rechtzeitig auf Schwachstellen aufmerksam machen. Doch ist es auch ein Zeichen von schlechter Führung, wenn Ihre Mitarbeiter kein Vertrauen haben, Probleme unverzüglich anzusprechen. Lassen Sie sich von dem angebotenen Bonbon nicht verführen!

Wir loben, um der Strafe zu entgehen!

Die Lösung kann nur die Führungspersönlichkeit selbst initiieren. Dafür ist es notwendig zu überprüfen, wo das eigene Verhalten die Kommunikation blockiert. Die Ursache liegt oft in einem der folgenden Verhaltensmuster.

1. Zu wenig Zeit

„Im Großen und Ganzen ist alles ok gewesen und die Chefin hat sowieso viel zu viel um die Ohren ...“ So könnte die Begründung eines Mitarbeiters lauten, der zwar sieht, dass nicht alles perfekt ist, doch den richtigen Zeitpunkt zum Gespräch nie findet. Wo ohne Unterlass das Mobiltelefon klingelt, ein Meeting aufs andere folgt und Mails oberste Priorität haben, ist kein Platz für Gespräche, die auf Vertrauen gebaut sind. Ihre Pflicht ist es, Raum und Zeit für Feedback zu schaffen! Das Vieraugengespräch in störungsfreier Atmosphäre ist sicher die beste Lösung. Darüber hinaus können Sie gemeinsam Checklisten anfertigen, die alle Beteiligten in der Qualitätssicherung unterstützen. Überprüfen Sie aber auch, inwieweit der Mitarbeiter die Wichtigkeit seiner eigenen Aufgaben richtig ein-

schätzt. Nicht jeder Teamplayer ist sich seiner Verantwortung ausreichend bewusst.

2. Zu viel Autorität

Eine Führungspersönlichkeit kann auch zu viel Autorität ausstrahlen. Darum erreichen sie Verbesserungsideen nicht oder zu spät. Wenn die Schwelle zum Chefzimmer aus Gold ist, traut sich keiner drüber. Da nützen auch Führungs-Methoden à la „Offene-Tür-Politik" nichts. Die einzige Lösung in dieser Situation heißt: Distanz abbauen! Suchen Sie das Gespräch nicht nur, um Abläufe zu optimieren oder Anweisungen auszugeben. Vertrauen und Nähe aufzubauen braucht Zeit und Ihre Bereitschaft auch etwas Persönliches preiszugeben (Kapitel 17). Das ist mit der Teilnahme am jährlichen Betriebsausflug und an der Weihnachtsfeier nicht getan. Ein gemeinsamer Kaffee zwischendurch, persönliche Geburtstagswünsche, vielleicht auch ein kurzer Plausch zu Dienstschluss kann Wunder wirken. Management by walking around ist angesagt!

Zusätzlich können Sie noch einen „Briefkasten" installieren. So haben Ihre Mitarbeiter die Möglichkeit, unabhängig voneinander – vielleicht sogar anonym – ihre Kritik und die passenden Verbesserungsideen anzubringen.

3. Angst vor negativen Konsequenzen

Auch wenn es schwerfällt, halten Sie unbedingt Ihre Emotionen in Zaum! Reagieren Sie niemals verärgert oder unwirsch, wenn Mitarbeiter Ihnen sagen, dass etwas schief gelaufen ist. Immer noch gibt es Führungskräfte, die Teammitglieder vor anderen zur Schnecke machen. Das ist in höchstem Maß unprofessionell. Der Überbringer der schlechten Nachricht muss ermutigt werden! Nur so können Sie sicher sein, dass Negativ-Meldungen nicht an Ihnen vorbeigeschmuggelt werden.

4. Nützt eh nichts

Wohl jeder kommuniziert Erfolgsmeldungen lieber als Pleiten (Kapitel 25). Wer sich überwindet und Missstände aufdeckt, tut das meist, weil er eine Verbesserung der Situation erwartet. Wenn Ihre Mitarbeiter jedoch den Eindruck gewinnen, dass Sie zwar zuhören, aber in weiterer Folge alles beim Alten lassen, entsteht daraus ein Problem. Jeder außer Ihnen wird zukünftig erfahren, was alles falsch läuft. Wenn der Schuh drückt, müssen Sie nicht gleich loslaufen und neue kaufen. – Aber ermutigen Sie Ihre Mitarbeiter, Probleme aufzudecken und die Lösung gleich mitzuliefern. Im nächsten Schritt ist es wichtig, dass diese Ideen auch umgesetzt werden. Nur so entstehen aus situativen Misserfolgen mittelfristig unternehmerische Erfolge.

5. Geliebt werden wollen

Gerade für High Potentials in der Abteilung ist Ihre Anerkennung pure Motivation. Sie brauchen das positive Feedback wie die Luft zum Atmen. Gewissenhaftigkeit ist sicherlich eine Tugend, doch gerade besonders perfektionistischen Menschen fällt es schwer, Misserfolge zu kommunizieren. Wenn einmal was schief gelaufen ist, fürchten sie „Liebesentzug" und Konflikt. Die Devise heißt hier: „Mut machen!" Dieser Mitarbeitertypus kann durch Sie erkennen, dass er auch für seine kritische Fähigkeit geschätzt wird.

Top-down-Kommunikationssperren

Die Straßensperren der Kommunikation haben das Ziel, weiterführende Gespräche zu blockieren. Schon das kleine Wort „aber" ist eine Fallgrube der konstruktiven Auseinandersetzung. Das „aber" wischt alles davor Gesprochene einfach weg, macht es irrelevant und nichtig. Unsere Welt ist nicht schwarz oder weiß, mehrere Überlegungen können gut nebeneinander existieren. Die Frage ist ausschließlich, für welche der Lösungen Sie sich entscheiden. Darum: Ersetzen Sie die herkömmliche „ja, aber"-Formulierung unbedingt durch „ja, und". Eine scheinbar minimale Veränderung mit enormer Wirkung. Sie zeigen damit, dass Sie den Input des anderen wertschätzen und durch die zusätzliche Perspektive zu einem anderen Resultat kommen.

Nur wenige Menschen setzen sich bewusst mit ihren individuellen Kommunikationsblockaden[38] auseinander. Für Führungskräfte gilt: Kenne deine eigenen Gesprächs-Stopper und die deiner Mitarbeiter!

38 *Thomas Gordon* (* 1918, † 2002) war Psychologe in den USA. Sein wohl bekanntestes Buch *Die Familienkonferenz* wurde weltweit millionenfach verkauft; Schüler von *Carl Rogers.*

Top-down-Blockaden	Beispiel
Befehlen	*„Machen Sie das mal so, wie ich es Ihnen gesagt habe, dann werden Sie schon sehen, dass es der beste Weg ist."*
Drohen	*„Sie werden nicht für Fragen bezahlt, sondern für Lösungen. Ich kann auch anders!"*
Moralisieren	*„Sind Sie überzeugt davon, dass Ihr Auftreten dem Stil unseres Unternehmens entspricht?"*
Beraten, Vorschläge machen, Lösungen liefern	*„Wenn Sie Ihr Zeitmanagement verbessern, bleibt Ihnen mehr Zeit für Arbeiten, die Ihnen Spaß machen."*
Vorträge halten, belehren, von eigenen Erlebnissen berichten	*„Also, wenn ich an Ihrer Stelle wäre, würde ich mich ausführlich mit den Grundsätzen des Projektmanagements auseinandersetzen. Ich kann Ihnen ein paar Fachbücher dringend empfehlen! Ich selbst …"*
Beschuldigen, verurteilen	*„Kein Wunder, dass Sie nicht weiterkommen mit dem Projekt, Sie haben einfach die falschen Kontakte!"*
Beschämen, etikettieren	*„Was für ein Glück für Sie, dass Sie eine Frau sind! Sie arbeiten schließlich mit allen Mitteln."*
Interpretieren, analysieren, diagnostizieren	*„Sie scheinen Ihre gesamte Kraft für Ihr Privatleben zu brauchen, kein Wunder, dass Sie dann in der Arbeitszeit unkonzentriert sind."*
Forschen, fragen, verhören	*„Sind Sie wirklich überzeugt davon, Ihr Bestes gegeben zu haben?"*
Loben, zustimmen, schmeicheln	*„Sie haben schon so viel geleistet für die Abteilung. Ich bin sicher, Sie werden auch diese Hürde bravourös meistern."*
Sympathie äußern, trösten, aufrichten	*„Ich kann Ihre Situation gut nachvollziehen. Bei schweren Aufgaben geht es mir auch so. Doch morgen ist ein neuer Tag und die Welt sieht wieder ganz anders aus!"*
Ablenken, ausweichen, aufziehen	*„Na komm, wird schon nicht so schlimm sein. Kaufen Sie sich ein neues Paar Schuhe und Sie sind wieder eins mit der Welt! Das hilft doch immer!"*

Bottom-up-Blockaden	Beispiel
Loben, zustimmen, schmeicheln	*„Ja, Sie haben Recht, das ist ein besonders wichtiges Projekt. Und gerade darum: Sie haben doch viel bessere Kontakte zum Kunden, ich bin sicher, dass er den Delay besser versteht, wenn Sie es ihm persönlich mitteilen."*
Sympathie äußern, trösten, aufrichten	*„Oh, Sie Arme! Sie kommen ja gar nicht mehr raus aus dem Büro. Ich bewundere Sie sehr, wie Sie das alles immer hinkriegen."*
Ablenken, ausweichen, aufziehen	*„Gut, dass Sie das ansprechen, aber Sie haben doch viel wichtigere Entscheidungen zu treffen! Wie ist denn das Golfturnier letztens ausgegangen?"*

BE BOSS TRAINING 24

Den blinden Fleck erkennt nur, wer den Mut hat hinzusehen. Diese Übung hilft Ihnen bei sich selbst und bei Ihrem Team eingefahrene Kommunikationskiller aufzuspüren. Ihnen ist ein Fehler passiert – peinlich und unangenehm. Wenn Sie nichts sagen, ist unmittelbar mit keinen negativen Konsequenzen zu rechnen. Wie verhalten Sie sich?

- [ ] Ich hoffe, dass die Zeit das Problem löst und schweige.
- [ ] Ich spiele den Fehler herunter.
- [ ] Ich kommuniziere es gleich nach dem Motto: *„Ich will Schmerz, sofort!"*
- [ ] Ich spreche über den Fehler, versuche aber die Verantwortung abzuschieben.

Kapitel 25

Hiobsbotschaften überbringen

Wann immer es darum geht, Unglück, Schicksalsschläge oder Schreckliches zu übermitteln, wird ein frommer Mann aus dem Lande Uz bemüht. Die Hiobsbotschaft ist jedem ein Begriff. – Dabei war der brave Diener aus dem Alten Testament nicht der Überbringer, sondern der Empfänger der schlimmen Kunde. Bis heute steht sein Name in direktem Kontext mit Negativ-Botschaften: Der Technologie-Experte *Gerd Neumann* analysierte 2006 schonungslos das politische Versagen in Bezug auf die Märkte in seinem Buch „Hiobs gute Botschaft – Das Ende der Illusion ist der Anfang der Zukunft". Genau darum geht es, wenn Sie als Führungskraft unangenehme Wahrheiten aussprechen müssen:

Der Stolperstein in 17 Sekunden: Niemand kommuniziert gerne schlechte Nachrichten.
„Darf ich die gute Neuigkeit erzählen?" hören wir öfter, als *„Ich möchte bitte der Überbringer der schlechten Botschaft sein, derjenige von dem er die Katastrophe erfährt!"* Lügen, Zeitverlust oder Verschleiern gehören zu den Hauptfehlern in der Hiobsrolle.

Zuerst muss die Illusion des anderen, dass ohnehin alles in Ordnung ist, zerstört werden. Natürlich geht dabei auch immer ein Stück seiner heilen Welt zu Bruch. Erst nach dem umfassenden Faktentransfer kann mit den Aufräumarbeiten begonnen werden. Ihre Fähigkeit als Troubleshooter ist also in drei Phasen gefragt:

1. Zerstören der Illusion

2. Tatsachen vermitteln

3. Hilfestellung beim Aufbau

Zerstören der Illusion

Beispiel: Ihr Hersteller verzögert die Zustellung. Sie müssen Ihren Kunden nun informieren, dass Sie die versprochene Ware nicht zum vereinbarten Zeitpunkt liefern können. Unangenehm!

Auch wenn Sie nichts dafür können, ist das eine lästige Situation und Ihr Kunde wird über die Neuigkeiten bestimmt nicht erfreut sein. Vielleicht haben Sie Glück und er ist verständnisvoll, weil Sie ja scheinbar unschuldig sind. Was aber, wenn Sie auf einen angriffslustigen Geschäftspartner treffen? Einen, der findet, dass Sie sich schon vor Jahren um verlässlichere und bessere Hersteller hätten kümmern müssen. Wie kommt er schließlich dazu, Ihre wackeligen Zusteller-Vereinbarungen auszubaden?

Die Wut-Taktik Stellen Sie sich in so einem Fall immer auf die Seite Ihres Kunden. Zeigen Sie deutlich, dass Sie noch viel ärgerlicher über die entstandene Situation sind als er. Durch die emotionale Steigerung federn Sie seine Wutkurve früher ab. Geben Sie Ihrem Auftraggeber lieber das Gefühl, dass Sie dem Hersteller bereits die Daumenschrauben angesetzt haben und als sein Anwalt aufgetreten sind. Erst wenn er merkt, dass Sie an seiner Stelle mit dem Problemverursacher Schlitten gefahren sind, wird er sanfter werden.

Häufiger Fehler: Zu früh versuchen viele Menschen aufgebrachte Gemüter zu besänftigen. Sie können damit rechnen, dass es Zeit braucht, die Wut abzubauen und sich zu beruhigen. Unzufriedene Käufer sind trotzig wie enttäuschte Kinder und haben oft völlig recht mit ihrem Unmut. Doch: Bevor Sie ein Kind trösten, lassen Sie sich in Ruhe erzählen, warum es verletzt und traurig ist. Wer zu früh die „pädagogisch wertvollen" Beruhigungssätze spricht, wird das aufgebrachte Kind noch zorniger machen. Niemand möchte sich sanft abdrehen lassen, nur weil die Situation unangenehm ist (Kapitel 24). Jeder will, dass seine Reklamation ernst genommen wird.

Tatsachen vermitteln

Beispiel: Ihr Mitarbeiter hat ein wichtiges Projekt völlig in den Sand gesetzt. Sie müssen nun dem Vorstand Rede und Antwort stehen.

Dabei geht es natürlich auch um Ihre Führungs- und Kontrollqualifikationen. Scheußliche Sache!

In so einem Fall kommen Sie mit der Wut-Taktik nicht weiter, weil Sie Teilschuld tragen. Sie müssen sich bis an die Zähne mit Fakten und Argumenten bewaffnen. Nach dem Eingeständnis der Projektpleite geben Sie kompetent Auskunft auf all die anstehenden Fragen: Wie konnte das passieren? Wie groß ist der Schaden? Was lässt sich noch retten? Warum wurde der Vorstand nicht früher informiert?

Die Prozess-Taktik Nach dieser Armada an Informationen und Tatsachen versuchen Sie die Besprechung in Richtung Prozessdiskussion zu lenken. Es darf nicht mehr darum gehen, was Sie oder Ihr Mitarbeiter falsch gemacht haben, sondern, wie in so einem Fall das Krisenmanagement aussehen muss. Was können alle aus Ihrer Situation lernen? Je besser es Ihnen gelingt zu beweisen, dass Sie aus den misslichen Umständen Ihres Mitarbeiters Lernprozesse für das Unternehmen ableiten können, desto schneller können Sie in Ihre Rolle der Expertise als Führungskraft zurückkehren (Kapitel 32). Wer Krisen rasch in Griff bekommt, behält sein Gesicht und verbessert möglicherweise das interne Kontrollsystem im Projektmanagement.

Häufiger Fehler: Schlecht vorbereitet und nur mit mangelhaften Kenntnissen über die Fehlleistung Ihres Mitarbeiters ausgestattet, blamieren Sie sich ein zweites Mal. Wer sich als Vorgesetzter nicht hinter seine Mitarbeiter stellt oder ihnen womöglich vor dem Vorstand in den Rücken fällt, gefährdet das Vertrauen und die eigene Stellung. Wenn bei Besprechungen auf oberster Ebene gelästert wird, sickert das nach und nach zu den Mitarbeitern durch. Chefs, die nach oben petzen und nach unten jovial auftreten, werden schnell entlarvt.

Hilfestellung beim Aufbau

Wie nach dem letzten Weltkrieg besteht der Wiederaufbau auch nach Krisen immer aus zwei Teilen: Der „schlechten Zeit" nach 1945, die von Hunger, Kälte und Verzicht geprägt war, folgte schon bald die Phase des „Wirtschaftswunders". Ähnlich ist es infolge der Hiobsbotschaft, die eine Menge Perspektive und Hoffnung zerstört. Nach der Stunde Null und den Räumungsarbeiten kann der Weg jedoch schnell wieder bergauf führen.

Beispiel: Die Vorstandsriege beschließt Einkommenskürzungen, da das Unternehmen andernfalls nicht marktfähig bleibt. Niemand arbeitet gerne gleich viel für weniger Geld. Sie müssen diesmal im Organigramm nach unten kommunizieren und Ihre Mitarbeiter vorbereiten.

Die Kontrapunkt-Taktik In diesem Fall ist prinzipiell klar, dass Sie die Mitarbeiter nicht versöhnen können. Das Einzige was funktioniert ist ihnen aufzuzeigen, in welchen Branchen gar nicht erst versucht wurde, das Firmenruder herumzureißen: Stattdessen waren gleich Entlassungen die Folge. Wann immer etwas schlecht läuft, gibt es garantiert Referenzen von noch übleren Fällen. Setzen Sie also einen Kontrapunkt zur bestehenden Misere. Gut, wenn es Ihnen gelingt, ein passendes Bild zu finden oder eine Analogie, wie ähnliche Pannen in anderen Unternehmen gehandhabt werden. Sie sind Anwalt

Ihrer Belegschaft. Machen Sie klar, dass Sie sich diese Einschränkungen nicht gewünscht haben. Sagen Sie ruhig, dass Sie nicht der Ansicht sind, dass irgendjemand verdient hat, für weniger Geld gleich viel zu arbeiten. Ihr Bedauern muss spürbar und glaubhaft sein.

Häufiger Fehler: Verwenden Sie keine Reizbegriffe – also Wörter, die intern negativ besetzt sind – oder Scheinvergleiche. Ansonsten fällt Ihnen der Kontrapunkt auf den Kopf und Sie verursachen noch mehr Unmut in der Belegschaft. Viele Chefs fordern in solch heiklen Situationen zu viel: Zuerst teilen Sie den Dienstnehmern mit, dass es weniger Geld gibt, und danach wünschen sie sich auch noch Loyalität und Begeisterung. Niemand muss diese Maßnahme gut finden, sie soll lediglich durchgesetzt werden.

BE BOSS TRAINING 25

Überlegen Sie drei konkrete Hiobsbotschaften, die Sie kommunizieren müssen. Probieren Sie jede Taktik einmal aus!

	Schlechte Nachricht	von – an
Wut-Taktik		
Prozess-Taktik		
Kontrapunkt-Taktik		

Kapitel 26

Verhandlung

Jeder muss verhandeln; schon als Teenager die Ausgehzeiten mit den Eltern oder um eine gerechte Note mit dem Lehrer. – Später wird mit dem Partner der Wohnbezirk oder die nächste Urlaubsreise abgestimmt. Im Job müssen wir alle laufend Übereinkommen treffen: mit Kunden genauso wie mit Mitarbeitern oder Vorgesetzten. Seminare, in denen Rhetorik und Verhandlung geschult wird, boomen zurzeit. Das hat wohl auch damit zu tun, dass unsere Arbeitswelt deutlich komplexer und dynamischer als noch vor wenigen Jahrzehnten ist. Viele Einigungsgespräche werden via Telefon oder während eines kurzen Zwischenstopps in der Flughafenlounge abgewickelt. Es geht oft um hohe Geldbeträge oder darum, divergierende Interessen zu vereinbaren, manchmal ist das Ziel auch Konflikte unterschiedlichster Art zu lösen. Verhandlungs-Know-how bedeutet – vielleicht heute mehr denn je – eine wesentliche Fertigkeit für Erfolg in beinahe allen Lebensbereichen.

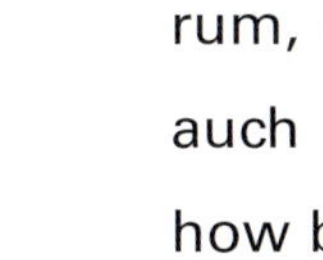

Der Stolperstein in 9 Sekunden: Keine Chance auf die zweite Chance! Wenn Sie die Grundsätze der Verhandlung missachten, leiden Ihre Geschäftsbeziehungen langfristig.

Uns verblüfft immer wieder, wie viele Menschen glauben, es sei eine Frage des Talentes, inwieweit man in diesen oft schwierigen Gesprächssituationen punkten kann. Nein, Verhandlungsgeschick ist nicht in die Wiege gelegt! Für andere wiederum ist dieses Thema ein Buch mit sieben Siegeln, das wie eine Wissenschaft oder Kunst zu studieren ist. Auch das stimmt nicht. Es ist ein nach klaren strategischen Richtlinien aufgebautes Gespräch, in dem es vorrangig darum geht, gut zuzuhören und zum richtigen Zeitpunkt zu sprechen.

Ein guter Verhandler erreicht seine Ziele, behält seine Integrität und gewinnt Reputation.

Für diese Vorgehensweise sind einige Voraussetzungen nötig:

1. Alle Verhandlungspartner müssen ernsthaft an einer Lösung interessiert sein. Das beinhaltet auch die prinzipielle Bereitschaft aller Beteiligten, die eigenen Forderungen nicht zu 100 Prozent durchsetzen zu wollen. Die meisten Verhandlungen sind **„Nicht-Nullsummenspiele“**[39], hier geht es weniger um „Entweder-Oder“, sondern um die Annäherung im Gespräch, also das „Sowohl-als-auch“. **Coopetition** ist ein noch junger Fachbegriff, der solche Situationen im Wirtschaftsleben bezeichnet (Kapitel 19).

2. Disziplin und Sozialkompetenz sind die besten Begleiter auf dem Weg zum zufriedenstellenden Ergebnis.

[39] Vgl.: *Axelrod:* Die Evolution der Kooperation, 1988.

TIT FOR TAT – Wie du mir, so ich dir!

Wie bereits im Kapitel Motivation beschrieben, ist der Mensch auf soziale Resonanz angewiesen. Auch in der Verhandlungsführung zeigt der kooperative Aspekt die beste Wirkung. „Tit for tat“[40] wurde als erfolgreichste Strategie im Gefangenendilemma[41] bekannt. Zwei Gefangene werden gedrängt, den anderen zu beschuldigen. Drei Verhaltensvarianten sind möglich:

1. Beide schweigen, es kann nur wenig nachgewiesen werden. Die Haftstrafe fällt für beide gering aus.

2. Nur einer sagt aus, seine Haftstrafe wird vermindert, die des anderen jedoch erhöht sich deutlich.

3. Beide sagen aus und erhalten eine mittlere Haftstrafe.

Werden die Häftlinge wiederholt zur Aussage geholt und ist die jeweils vorangegangene Entscheidung des anderen bekannt, erzielten sie mit der Tit-for-Tat-Strategie das optimale Ergebnis. Einer der Gefangenen startet das Spiel kooperativ und hilft dem anderen Teilnehmer, indem er schweigt. Sollte der andere Gefangene nun nicht schweigen, so rächt sich der Tit-for-Tat-Spielende in der folgenden Runde, indem er auch plaudert. Allerdings ist er bereit, sofort zu vergessen, wenn sich der Mitspieler

---

[40] *Anatol Rapoport* (*1911 in Russland – † 2007 in Toronto), Psychologe und Philosoph an der Universität Toronto, gilt als Vordenker den Systemwissenschaften. Von 1955 bis 1970 befasste er sich mit spieltheoretischen Problemen, vor allem mit „Nicht-Nullsummenspielen“. Die Spieltheorie ist ein Teilgebiet der Mathematik, um Systeme mit mehreren Akteuren zu analysieren. Die Spieltheorie bildet soziale Konfliktsituationen facettenreich ab und löst sie streng mathematisch.

[41] *Albert William Tucker* (*1905, Kanada; † 1995, New Jersey), US-amerikanischer Mathematiker. Die Bezeichnung „Gefangenendilemma“ stammt von ihm. Das Paradoxon ist ein zentraler Bestandteil der Spieltheorie.

wieder kooperativ zeigt und ist in der nächsten Runde wieder versöhnlich.

Im Gegensatz zu der Strategie „Kooperiere immer" oder dem christlichen Prinzip: „Wenn Du auf die eine Wange geschlagen wirst, halte auch die Zweite hin!" bedeutet Tit for Tat nicht, sich ausbeuten zu lassen. Gesetzt den Fall, Sie haben einen wenig kooperationsbereiten Verhandlungspartner, werden Sie über mehrere Runden voraussichtlich nicht besser abschneiden als er, aber der maximale Rückstand bleibt verhältnismäßig klein[42].

Die fünf Prinzipien der „Coop-Verhandlung"

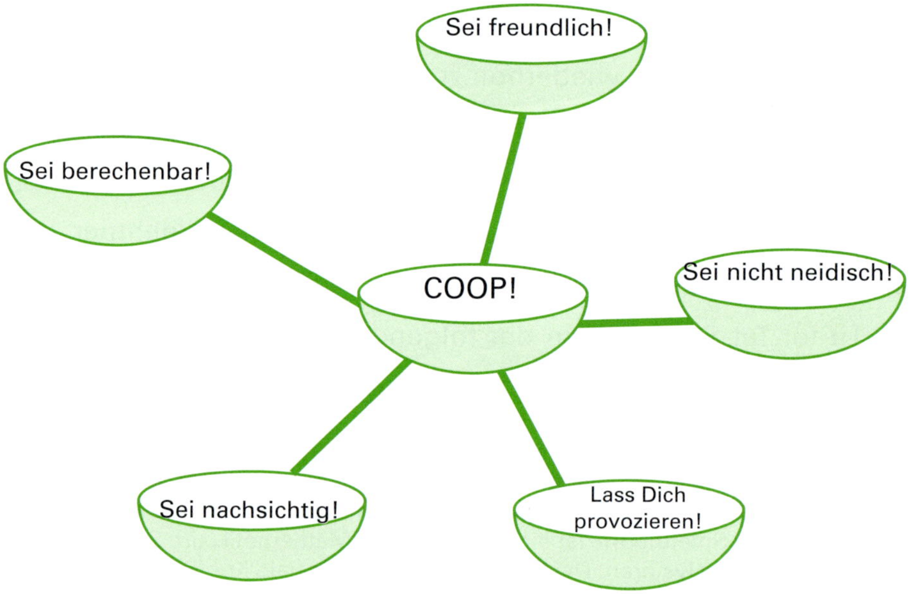

[42] Vgl.: *Kasper*: Strategien realisieren, 2004, S. 80.

1. **Sei freundlich!** Rechnen Sie so lange mit der Kooperationsbereitschaft des Verhandlungspartners, bis Sie mit dem Gegenteil konfrontiert werden. Greifen Sie nie als erster an!

2. **Sei nicht neidisch!** Neid entsteht, wenn Menschen nicht gemäß ihren eigenen Möglichkeiten leben. Tatsache bleibt: Der Erfolg des anderen ist auch Ihr Erfolg. Beauftragen Sie einen Lieferanten, profitiert er in gleichem Maß von steigender Nachfrage wie Sie. Das Streben, den Profit des anderen zu eigenen Gunsten zu schmälern, kann Vertrauensverlust nach sich ziehen und damit die Geschäftsbeziehung langfristig zerstören. Karies für den gesunden Geschäftsschmelz.

3. **Lass Dich provozieren!** Wenn Sie dem Zorn Zeit lassen, wächst er und wird unberechenbar, womöglich mutiert er zu Rachegefühl. Darum reagieren Sie unmittelbar, entschlossen und situationsadäquat auf Provokation.

4. **Sei nachsichtig!** Haben Sie Ihrem Ärger Luft gemacht und Ihr Visavis zeigt Einsicht, vergessen Sie die Irritation. Das Gegenteil von nachsichtig ist nachtragend. Mit dieser Haltung gelingt es in keiner Konfliktsituation auf einen grünen Zweig zu kommen.

5. **Sei berechenbar!** Anders als in Nullsummen-Situationen, in denen es um „ganz oder gar nicht" geht, sind Sie in der Verhandlung darauf angewiesen, dass Ihr Partner an einer gemeinsamen Lösung interessiert bleibt. Vertrauen und Kooperations-Bereitschaft müssen jedoch erst wachsen. Bereiten Sie darum von Anfang an den Verhand-

lungsboden so auf, dass beim anderen Argwohn gar keine Chance hat. Spielen Sie mit offenen Karten und wohldurchdachter Strategie.

Die COOP-Gesprächsdramaturgie

Eine Verhandlung zu führen ist vergleichbar mit der Entdeckung einer noch unerforschten Insel! Stellen Sie sich folgende Situation vor: Drei Monate bereits segeln Sie ganz alleine auf den Weltmeeren. Das Wasser an Bord ist nicht mehr wirklich frisch, die gelagerten Früchte sind bereits verschimmelt. Das letzte Mal, als Sie festen Boden unter den Füßen hatten, ist schon eine ganze Weile her. In der Ferne erblicken Sie ein Eiland, üppig mit Palmen bewachsen. Ihre Freude ist groß, so rasch es der Wind zulässt, segeln Sie darauf los. Nun sind Sie bereits im seichten Gewässer, können die Korallen am Meeresgrund funkeln sehen. Was tun Sie?

1. Ankern

Eröffnen Sie das Gespräch, indem Sie das Thema darstellen. Vergeuden Sie jedoch nicht schon zu Beginn Ihre Argumente! Die beste Strategie ist, das Spannungsfeld, in dem Sie und der Verhandlungspartner sich befinden, kurz (!) zu skizzieren.

Ankunft auf der Insel. Sie haben mittlerweile festen Boden unter den Füßen. Selbstverständlich ist Ihnen durch Ihre Studien bereits vor Antritt der Reise so manche Eigenart der Region bekannt, doch im Detail wissen Sie nicht, was dieser Fleck Erde für Sie bereit hält. Wie werden Sie sich verhalten?

2. Das Terrain sondieren

Natürlich haben Sie schon in den Wochen vor Verhandlungsbeginn Ihre Situation genau analysiert und auch die des Verhandlungspartners. Sie meinen zu wissen, mit welcher Motivation er sich in die Gespräche begibt. Auch welches Ziel er voraussichtlich erreichen möchte, ahnen Sie bereits. Doch gewisse Unschärfen bleiben trotz akkuratester Vorbereitung. Darum machen Sie sich auf den Weg, erkunden Sie das unbekannte Terrain – stellen Sie Fragen! Finden Sie heraus, welche Vorstellungen der andere hat! Sprechen Sie dabei auch über Ihre eigene Situation, es darf nicht das Gefühl eines Interviews oder im schlimmsten Fall eines Verhörs aufkommen.

Viel haben Sie entdeckt auf der Erkundungstour über unsere Insel. Mangos, Bananen, Ananas, Kokosnüsse ... Gefährlich war es auch. Plötzlich sind Sie auf eine Kannibalensiedlung gestoßen. Sie mussten rasch davonlaufen, alles was sie auf dem Weg bis dahin mitgenommen hatten, war Ballast, also weg damit. Außer Atem kommen Sie endlich zu einer Wasserquelle. Der erste Durst ist gelöscht. Doch mitnehmen? Worin? Auf dem Weg zurück zum Ausgangspunkt finden Sie noch Avocados, herrlich! Und was nun?

3. Prioritäten setzen, planen

Die Informationen Ihres Verhandlungspartners und die Art, wie er auf Ihre Vorschläge reagiert hat, ergänzen das Bild. Neue Wege zeigen sich, andere Lösungen werden denkbar. Es gilt vielleicht die Prioritäten noch einmal zu überprüfen oder den ursprünglichen Plan zu modifizieren. Fassen Sie die wesentlichen Punkte zusammen und heben Sie Gemeinsamkeiten hervor. Wiederholen Sie Aussagen, die für Sie besonders wichtig waren. So lenken Sie den Gesprächsfokus auf konkrete Themengebiete.

Am Stützpunkt angelangt beschließen Sie, nur gut zu lagernde Früchte mitzunehmen und reichlich Wasser. Auf der Insel übernachten kommt für Sie nicht in Frage. Wer weiß, was den Kannibalen einfällt? Den Kanister für das Trinkwasser werden Sie vom Boot holen und auch für das Obst gibt es dort geeignete Behälter. Zuerst die Kokosnüsse, dann Früchte, die leicht Druckstellen bekommen. Fein, los geht's!

4. Argumentieren und Szenarien entwerfen

Nun ist es Zeit zur Tat zu schreiten. Die vorbereiteten Argumente kommen zum Einsatz. Achten Sie darauf, Ihren Zielraum im Auge zu behalten und diskutieren Sie die denkbaren Lösungsalternativen.

Die Don'ts der Verhandlung:

- Vereinbarte Fristen negieren.
- Drohungen aussprechen.
- Wertende, untergriffige Aussagen über den Verhandlungspartner äußern.
- Den anderen zuquatschen.
- Informieren ja – belehren nein!

BE BOSS TRAINING 26

Nach Ihrer nächsten Verhandlung überprüfen Sie Ihr Gesprächsverhalten!

Wie habe ich mich vorbereitet?

Habe ich einen präzisen Zielraum definiert? War der realistisch?

War mir klar, was mein Gegenüber voraussichtlich anstrebt?

Wusste ich um meine Alternativen?

Wie waren die Alternativen auf der Gegenseite?

Was war meine Motivation?

Aus welcher Motivation hat mein Partner sich in die Verhandlung begeben?

In welchen Punkten hab ich mir vorgenommen, Zugeständnisse zu machen?

Zu welchen Zugeständnissen war das Visavis bereit?

Gesprächsverlauf

War meine Argumentation wohl durchdacht? Hatte ich alle notwendigen Informationen?

Welches der Argumente des Partners war besonders schlagkräftig?

Habe ich darauf geachtet, nicht das beste Argument gleich zu Anfang zu verschleudern?	Welches Verhalten meines Gesprächspartners hat mein Vertrauen geweckt/irritiert?
Habe ich genügend Fragen gestellt und konnte dadurch den Gesprächsverlauf lenken?	Wie hoch war der Redeanteil meines Gegenübers?
War ich fair und lösungsorientiert?	War der andere fair und lösungsorientiert?

Was hätte passieren müssen, damit ich die Gespräche abbreche?

Kapitel 27

Kommunikation mit Lap-Com

Viele Sprachmodelle und Redewerkzeuge kommen erst zur Anwendung, wenn der Benützer sie mühevoll erlernt hat. Lap-Com funktioniert einfacher, da Sie die Symbole Ihrer PC-Tastatur bereits internalisiert haben und auf diesem Vorwissen aufbauen können. Die Tasten sind dabei Reminder für strukturiertes Kommunizieren: Die Prozent-Taste soll Sie daran erinnern, dass Zahlen, Daten und Fakten der sachlichen Kommunikation helfen. Fragen hingegen dienen nicht nur zur Gesprächsführung, sondern auch der Kontrolle über die vereinbarten Inhalte. Schalten Sie Ihren Lap-Com für eine Demonstration ein!

1. Drücken Sie die Start-Taste ⏻

„*Wie Sie starten, so liegen Sie im Rennen*."– Jedes Gespräch muss eröffnet werden. Was bei Ihrem PC Benutzerkennung oder Passwort, sind bei der Gesprächseröffnung Beziehungsebene und Namensnennung. Sprechen Sie Ihr Gegenüber bei der Begrüßung immer mit seinem Namen an. Reduzieren Sie von Anfang an Ihren „Ich"-Gebrauch. Verwenden Sie lieber „Sie"-Formulierungen. Auch am Telefon! Vorteil: Sie wirken dadurch serviceorientierter und rücken die Bedürfnisse des anderen ins Zentrum des Gesprächs.

Herkömmliche Ich-Formulierung	Wirkungsvolle Sie-Formulierung
1. *„Ich schicke Ihnen das zu."*	1. *„Die Unterlagen haben Sie noch heute im Posteingang."*
2. *„Ich wollte Sie mal fragen, ob …"*	2. *„Ihre Meinung zum Thema XY ist mir wichtig."*
3. *„Ich verspreche Ihnen, dass …"*	3. *„Sie können sich darauf verlassen, dass …"*
4. *„Ich schlage Ihnen vor …"*	4. *„In Ihrer Situation bietet es sich an …"*
5. *„Ich kann Ihnen das nur empfehlen …"*	5. *„Wenn Sie sich dazu entschließen, hat es für Sie folgenden Vorteil …"*
6. *„Ich kann Sie gut verstehen …"*	6. *„Ihr Standpunkt ist für mich nachvollziehbar …"*
7. *„Wir melden uns wieder bei Ihnen."*	7. *„Wann sind Sie telefonisch am besten zu erreichen?"*

2. Die Enter-Taste

Wie beim Arbeiten mit dem Laptop bringen Sie durch die Enter-Taste (auch bekannt als Return) Absätze in Ihre Gespräche. Kommunikation – egal ob schriftlich oder mündlich – braucht Struktur und luftige Passagen. Eine Möglichkeit, die vereinbarten Abschnitte abzuschließen, ist, gemeinsame Nenner zu sichern und Ergebnisse zusammenzufassen. *„Okay, in diesem Punkt sind wir uns einig. Beide wollen wir bis Monatsende folgende Lösung erzielen ... Lassen Sie uns also zum nächsten Punkt kommen ...“* Enter!

3. Die Leer-Taste

Die Leer-Taste ist der Pause gleichzusetzen. Ein ganz besonderer Bestandteil des Gespräches, weil sie uns hilft, das Redetempo zu kontrollieren. Es liegt also ganz bei Ihnen, welche Teile der Konversation Sie durch Pausen hervorheben. Diese Sinnpausen unterstützen den Redefluss und verringern den Interpretationsspielraum Ihrer Aussage. Wogegen Entscheidungspausen Ihrem Visavis Zeit bieten, den Inhalt zu verarbeiten und Möglichkeit zur Antwort schaffen. Diese Form „innezuhalten“ treibt Ihre Besprechung voran und ist deshalb auch kein Zeitverlust, sondern ein Gesprächsgewinn. Problematisch sind nur die gesprächshemmenden Unterbrechungen, die den Gedankenaustausch ins Stocken bringen. Diese unangenehmen Pausen erkennen Sie leicht daran, dass die gute Atmosphäre dahin ist und das Schweigen peinlich oder gar feindselig wird. Gerade in Konfliktsituationen reagieren einige Menschen instinktiv mit Blockaden oder verstummen ganz[43].

---

[43] Siehe *Lackner; Triebe:* Rede-Diät®, 2006, Kapitel 18 Konflikte, S. 157 ff.

Gesprächsfördernde Pausen

Sinnpausen: Unterschiedliche Pausensetzung verändert die Aussage. Sinnpausen können sogar Leben retten, wie die Legende berichtet:

Ein Bösewicht wartet auf seine Strafe. Man schickt nach dem König, der bekannt dafür ist, Begnadigungen ebenso spontan anzuordnen wie Hinrichtungen. Mit dem Schreiben eilt der Bote herbei und verkündet das Urteil. *„Ich komme nicht köpfen!"* Nur wo soll man das Komma und damit auch die Sinnpause setzen? *„Ich komme, nicht köpfen!"* oder: *„Ich komme nicht, köpfen!"*

Entscheidungspausen[44] setzen Sie beim Nachdenken, Verarbeiten, Thema wechseln. Kommunikative Pausen wenden sie an, um Verständnis oder Zustimmung zu erreichen.

Gesprächshemmende Pausen

Blockierungen begegnen Ihnen bei: Hemmung, Ablehnung, in Konfliktsituationen, emotionale Überwältigung, nicht Verstehen, Überforderung

Unterbrechungen wirken sich nachteilig auf die Kommunikation aus: äußere Störfaktoren, Müdigkeit, ...

---

[44] http://www.linus-geisler.de/ap/ap08_pause.html, Stand 27.10.07.

4. Die Satzzeichen [;], [,], [.], ...

Satzzeichen sind da, um verwendet zu werden – nicht nur im Schriftverkehr! Auf Ihrer Tastatur finden Sie alle. Wichtig sind für die gute mündliche Kommunikation vor allem: Fragezeichen, Rufzeichen, Punkt und Beistrich. *„Reden ohne Punkt und Komma"* ist eine wenig schmeichelhafte Beschreibung für jemanden, dessen Sprache ununterbrochen fließt. Neben den Pausen strukturieren vor allem Satzzeichen die Kommunikation auf edle Weise und sie geben Ihrer Aussage die Betonung, die Sie wünschen:

4.1 Rufzeichen-Botschaften [!]

Der Ton macht die Musik und die Betonung verändert die Aussage. Senden Sie Rufzeichen- statt Fragezeichenbotschaften, wenn Sie etwas mit Nachdruck formulieren. Chefs, die ihre Aussagen in Frage stellen – also am Satzende die Stimme erheben –, werden schneller unterbrochen. Aussagesätze, Imperative und Feststellungen enden stimmlich in der Lösungstiefe. Das bedeutet, dass das letzte Satzglied dunkler moduliert wird und sich die Stimme damit deutlich senkt. So signalisieren Sie Ihrem Gesprächspartner auch akustisch, dass Sie von Ihrer Äußerung überzeugt sind.

Der Stolperstein in 14 Sekunden: Führungskräfte kommunizieren laufend, so ist das Risiko groß, dass der Sprachstil mit der Zeit ordentlich leidet. Gute Gespräche brauchen Struktur, zeitliche Dramaturgie und Fragetechnik.

4.2 Der X-Faktor [X]

Nicht nur was Sie sagen ist ausschlaggebend! Die Bedeutung des Inhalts kann sich durch die Art, wie Sie betonen, völlig ändern! Die **paraverbale** Komponente vermittelt die Stimmung, macht deutlich, was der andere meint. Dazu gehören sowohl die individuellen Sprechereigenschaften (Stimmlage, Resonanzraum usw.) als auch das Sprechverhalten, z. B. Artikulation, Lautstärke, Tempo und Sprachmelodie.

Beispiel: *„Der gestrige Abend war wirklich toll"*

1. Lesen Sie diesen Satz so, dass der Inhalt unterstrichen wird.
2. Nun versuchen Sie es mit einem nicht ganz ernstgemeinten, eher zynischen Ton.
3. Sie mussten sich ärgern, vermitteln Sie das durch die Intonierung!

4.3 Fragen und Fehler [?]

Fragen helfen beim Sondieren von Inhalten. Wichtig ist für Sie als Führungskraft, Fragen bewusst einzusetzen, um Gespräche optimal steuern zu können. Grundsätzlich gilt: Besser zwei Mal fragen, als ein Mal irren! Die Gefahr der Missinterpretation ist sonst groß: Oft erfährt man, was man gefragt hat, erst aus der Antwort. Leicht schleichen sich **Fragefehler** in die Konversation ein:

A) Mehr als eine Frage gleichzeitig

In den Medien können Sie diesen Fragefehler bei Interviews beobachten. Neben Journalisten beherrschen schlechte Verkäufer diese „Kunst" mindestens genauso gut! Nachteil: Das Gegenüber hat enormen Interpretations-Spielraum und kann sich aussuchen, auf welchen Teil der Frage es antworten möchte.

Beispiel:
Werden Sie wieder kandidieren ...? (Jetzt möchte der Politiker bereits antworten, aber der Fragesteller fährt fort:) *... und: glauben Sie, dass Ihre Partei Sie dabei unterstützen wird ...?* (Wieder möchte der Politiker bereits antworten, aber der Fragesteller fährt ungerührt fort:) ... *wobei natürlich bedacht werden muss, dass die internen Querelen in den letzten Wochen Ihrer Partei auch nicht gerade hilfreich waren, oder?*

B) Russisches Roulette

Chefs bauen sich selbst Fallen, indem sie die falschen Möglichkeiten anbieten: *„Wollen Sie lieber mehr arbeiten oder weniger verdienen?"* Diese Art zu fragen ist legitim, wenn Sie den Mitarbeiter wirklich zwischen Mehrarbeit oder reduzierten Wochenstunden entscheiden lassen wollen. Manchmal schießen sich Führungskräfte ein Eigentor, wenn sie Alternativen vorschlagen, die sie gar nicht angestrebt haben.

C) Eine Frage stellen, die man selbst sogleich beantwortet

Mangelnde Kooperationsbereitschaft und fehlendes Interesse am Gegenüber signalisieren Sie, wenn Sie eine Frage aufwerfen und gleich selbst für die Lösung sorgen. Wer mehr an der eigenen Frage, als an der

Antwort des anderen interessiert ist, kann nicht aktiv zuhören und verliert leicht Sympathiepunkte (■■■ Kapitel 32).

D) Eine „Frage" stellen, die eigentlich ein Angriff ist

Der Chef zum Mitarbeiter: *„Sie wollen doch wohl nicht schon wieder früher gehen?"* Oder der Verkäufer zum Kunden: *„Das meinen Sie hoffentlich nicht ernst?"* (■■■ Kapitel 24)

5. Die Zahlen [1], [2], [3], ...

Sowohl Buchstaben als auch Zahlen eignen sich, um Inhalte besser zu priorisieren: *„Gerne präsentiere ich Ihnen die drei besten Vorschläge: 1), 2), 3) ... oder a), b), c)..."* Beschränken Sie sich auf drei Kernaussagen, mehr wird sich Ihr Gegenüber voraussichtlich nicht merken. Diese Gliederung nach Wichtigkeit wirkt wohltuend auf den Zuhörer, weil die Verständlichkeit gefördert wird. Struktur ist ausschlaggebend für gelungenes Rededesign. Wie im Schriftverkehr fallen numerisch geordnete Punkte optisch und akustisch viel stärker auf. Text-Essenzen und Bulletpoints gliedern das Layout, damit wird der Inhalt schneller erfasst.

6. Die Escape-Taste [Esc]

Die Escape-Taste am PC ist wie eine „Fluchtmöglichkeit" aus allen vorgenommenen Tätigkeiten und Eingaben. Auch Gespräche können wir abbrechen. Wenn bei einem Schlichtungsgespräch zwischen Mitarbeitern die aufkommenden Emotionen das Hirn vernebeln, ist es besser zu stoppen. Teambesprechungen, bei denen wichtige Daten fehlen, kosten nur Zeit und sollten verschoben werden. Was in der Politik oder bei Gericht an der Tagesordnung ist, wird in Unternehmen viel zu selten eingesetzt. Dabei ist es gelegentlich zielführender, ein festgefahrenes Gespräch zu vertagen. Ihr Vorteil: Sie haben Zeit, sich eine neue Argumentationsstrategie zu überlegen, da Sie die Gegenthesen bereits kennen. Wenn Sie beim ersten Anlauf keine Einigung herbeiführen konnten, heben Sie die Wichtigkeit des Themas, indem Sie zur Neuverhandlung aufrufen.

7. Speichern

Das Beste an der Arbeit mit dem Computer ist die Möglichkeit, große Datenmengen zu speichern. Sichern auch Sie Ihre Gesprächsergebnisse mit Mitarbeitern oder Kunden. Z. B. Customer Relation Management (CRM) gehört in vielen Unternehmen bereits zum Alltag. Modernes Wissensmanagement hilft, alle Kundendaten übersichtlich zu verwalten und gesuchte Informationen Zeit und Kosten sparend wieder zu finden. Relevante Kundenkommunikation wird in Datenbanken gespeichert. Diese Informationen sind so für verschiedene Unternehmensbereiche wie Marketing, Vertrieb, Einkauf, Call-Center, Personal, Support und die Geschäftsführung verfügbar.

Eine andere Möglichkeit für Chefs abseits vom Alltagsgeschäft wichtige Gesprächsinhalte und Vereinbarungen zu speichern, bietet das Be Boss-Logbuch (Kapitel 1).

Bedenken Sie, dass die Erfindung des Alphabets und all der Sonderzeichen auf der Tastatur zur Unterstützung unserer Kommunikation gedacht waren. Vieles davon können wir auch in unsere Gespräche einfließen lassen. Wer Symbole und Satzzeichen nur für den Schriftverkehr gebraucht, wird mündlich einsilbig und ohne Ausdruck.

BE BOSS TRAINING 27

Überlegen Sie, welche Tasten der **Lap-Com** bei Ihnen zu selten im Einsatz sind!

Kapitel 28

Kontrolle – auf die Dosis kommt es an

Jeder tut nur so viel, wie er unbedingt muss – der „Homo oeconomicus“[45] ist faul. Wenn keine Unannehmlichkeiten oder finanziellen Einbußen zu befürchten sind, lässt er die Arbeit einfach liegen. – Doch das stimmt nur bedingt: Auf Kontrolle und feste Vorgaben zu verzichten ist gerade bei Mitarbeitern mit geringer Grundmotivation gefährlich. Wenn Dienstnehmer jedoch ein hohes Maß an Selbstständigkeit, Engagement und Eigenverantwortung zeigen, ist es am wirkungsvollsten, ihnen möglichst freie Hand zu lassen. Zu viel Kontrolle schadet dem Vertrauen, der Grundfeste guter Kooperation.

---

[45] Homo oeconomicus bezeichnet in der Wissenschaft den Normaltyp eines Menschen, der seine Handlungen allein auf Basis der ihm vorliegenden Informationen rational ausrichtet. Er trifft seine Entscheidungen nach dem ökonomischen Prinzip zur Maximierung seines persönlichen Nutzens.

Was du nicht messen kannst, kannst du nicht lenken[46]

Routinetätigkeiten im Job sind langweilig. Doch nicht nur die Art der Aufgaben entscheidet darüber, wie engagiert jemand bei der Arbeit ist, sondern auch die Kontrolle: Wer selbst bestimmen kann, in welcher Reihenfolge er seine Pflichten erledigt, macht weniger Fehler und ist am Ende auch nicht so erschöpft. Zu diesem Ergebnis kam eine britische Studie[47] erst kürzlich.

„Obwohl die Planung der eigenen Arbeit wie eine zusätzliche Pflicht erscheint, überwiegen die positiven Effekte", kommentiert der Hauptautor der Studie *Robert Hockey* von der *University of Sheffield*. Er erklärt sich das so: *„Wenn man Kontrolle über das Arbeitsausmaß hat, kann man die Aufgabe auswählen, die zur momentanen Laune oder zum Geisteszustand passt."*

Unabhängig davon, wie es um die Eigenmotivation Ihrer Mitarbeiter bestellt ist, Kontrolle ist immer im Sinne von Steuerung zu verstehen. So bezieht sich Kontrolle weniger auf das was zu tun ist, sondern vielmehr auf die Freiräume, die Sie sich selbst und Ihrem Team zugestehen.

Rasch lassen sich durch lediglich zwei Grundfragen Arbeitsstile klassifizieren:

1. Wird der Freiraum genutzt?
2. **Wie** wird der Freiraum genutzt?

---

[46] *Peter Drucker,* US-amerikanischer Ökonom österreichischer Herkunft (1909–2005).
[47] Journal of Experimental Psychology: Applied, Bd. 12/1, 2006.

Warum gibt es in jedem Fahrzeug einen Tachometer und in vielen sogar Drehzahlmesser? Die beiden Anzeigen ermöglichen **Selbstkontrolle.** So manches Straßenschild wäre nicht nötig, wenn die Lenker mehr Wert auf diese mächtigen Kontrollinstrumente legten. Das Wollen ist unser Tachometer, das Können der Drehzahlmesser.

Abhängig davon, wie Sie das **Wollen** und das **Können** Ihrer Mitarbeiter beurteilen, ergeben sich vier unterschiedliche Typologien[48] für adäquate Kontrolle.

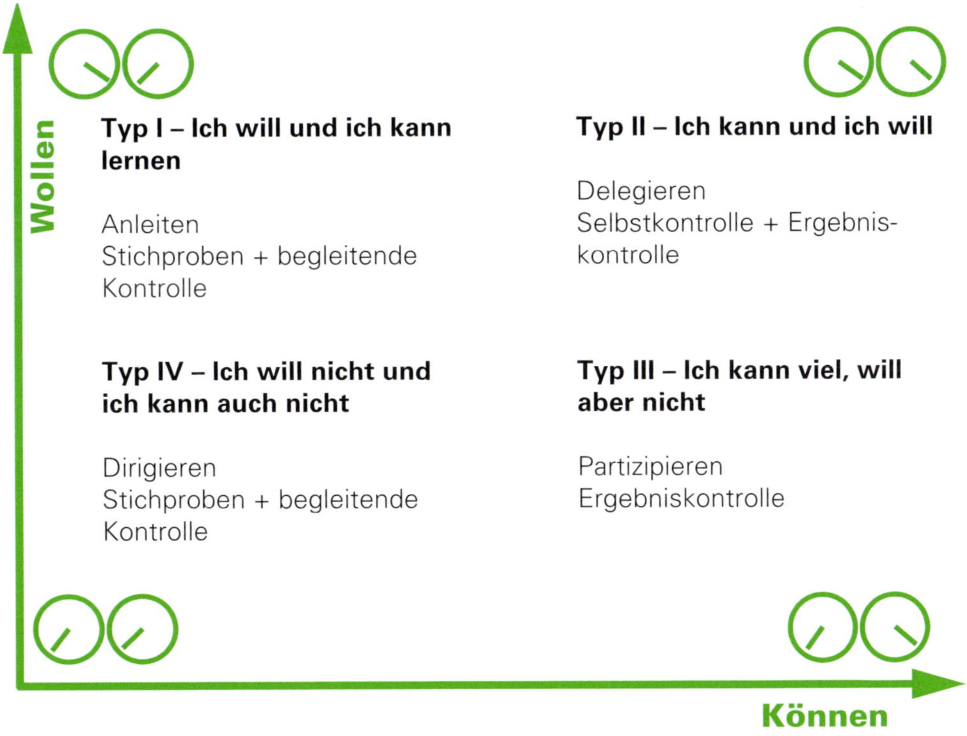

[48] *Dr. Reinhard K. Sprenger* (* 1953), gilt als profilierter Führungsexperte in Deutschland. Bekannt durch die Bücher: *Mythos Motivation, Das Prinzip Selbstverantwortung, Aufstand des Individuums* und *Vertrauen führt.*

Typ I – Ich will und ich kann lernen

Arbeitgeber wollen den perfekten Kandidaten mit den besten Skills im idealen Alter. Sie haben so einen Potenzialträger in Ihrem Team? – Gratulation! Nun ist es Ihre Aufgabe, aus diesem High Potential einen echten Leistungsträger zu entwickeln. Also leiten Sie ihn an! Erarbeiten Sie gemeinsam einen ausgeklügelten Weiterbildungsplan und Sie werden feststellen, dass die Eigenmotivation ordentlich in Gang kommt. Erhöhen Sie stufenweise die fachlichen Anforderungen – so stabilisieren Sie das Niveau. Begleitende Gespräche und Stichproben wirken motivierend auf dieses Teammitglied. Weisen Sie ruhig sachlich auf Fehler hin, aber vermeiden Sie jede Form der Bestrafung.

Typ II – Ich kann und ich will

Ein Mitarbeiter, der viel kann und auch viel möchte, ist eine echte Stütze für Sie. Er arbeitet eigenständig und selbstverantwortlich. Diesem Leistungsträger können Sie mit der Zeit bedenkenlos auch schwierige Aufgaben übertragen. Er ist Ihr Partner und es reicht völlig aus, die Ergebnisse mit ihm zu besprechen. Erläutern Sie dabei neue Ziele und machen Sie deutlich, wie wichtig die übertragenen Arbeiten sind. Zeigen Sie Ihre Anerkennung auch, indem Sie weitere Kompetenzen übertragen. Die Eigenmotivation bleibt so erhalten. Freiräume und Perspektiven sind der Dünger für das Wachstum dieses Mitarbeitertypus.

Der Stolperstein in 9 Sekunden: Vertrauen ist gut, Kontrolle nicht in jedem Fall besser. Mitarbeiter, die sich überwacht fühlen, verlieren Leistungsbereitschaft.

Typ III – Ich kann viel, will aber nicht

Diese Haltung kann unterschiedliche Ursachen haben: Ihr Mitarbeiter arbeitet vielleicht schon zu lange Zeit auf Hochtouren und ist einfach ausgebrannt. Immer mehr Menschen leiden unter Schwäche und Energielosigkeit, weil sie sich überfordert haben. Nach einer Umfrage des Online-Stellenportals Stepstone zeigen immer mehr Fachkräfte Anzeichen von seelischer Überlastung. 32 Prozent der Befragten gaben an, dass der erhöhte Druck zunehmend an die Reserven geht.

Es kann aber auch sein, dass Sie einen echten Konkurrenten im Team haben, der Sie als Führungskraft nicht akzeptiert und selbst Ihre Position anstrebt. Vielleicht hat er sich in der Neubesetzung der Stelle übergangen gefühlt?

Zuerst gilt es herauszufinden, was die Ursachen für die mangelnde Leistungsbereitschaft sind. Falls Ihr Mitarbeiter ausgebrannt ist, vereinbaren Sie, dass er in nächster Zukunft vorrangig Aufgaben übernehmen wird, die ihm besonders am Herzen liegen. Von der fachlichen Kompetenz kann Ihre Abteilung in jedem Fall profitieren. Enge Zeithorizonte geben Ihnen die Möglichkeit, in regelmäßigen Abständen Ergebniskontrollen durchzuführen. Bei einem illoyalen Mitarbeiter ist es auch sinnvoll, Sanktionen aufzuzeigen, falls die Arbeitsleistung sich nicht schlagartig verbessert. Sollte sich die Arbeitseinstellung des Kollegen nicht spürbar verändern, zögern Sie nicht, ein anderes Einsatzgebiet für ihn zu finden. Wenn Sie zu lange warten, laufen Sie Gefahr, dass aus dem Mitesser ein Furunkel wird (■■■ Kapitel 23).

Typ IV – Ich will nicht und ich kann auch nicht

Nun kommen wir zu einem echten Problemkind für die Führungskraft. Im Mitarbeitergespräch erkennen Sie schon die „Ich will nicht und ich kann auch nicht"-Haltung. An beiden Faktoren sollten Sie ansetzen, um die Produktivität des Teammitglieds zu steigern. Die Gefahr ist groß, dass genau aus dieser Ecke auch andere Arbeitnehmer in die Demotivations-Falle gezogen werden. Frei nach dem Motto: Die stärkste Atmosphäre siegt. – Die kann auch negativ sein. Vereinbaren Sie gemeinsam messbare Leistungsziele und bieten Sie kontinuierlich Möglichkeiten zur Weiterbildung an. Kontrollieren Sie die Zwischenergebnisse stichprobenartig. Achten Sie darauf, wie effizient Ihr Problemkind arbeitet und setzten Sie relativ enge, aber machbare Zeitlimits. Sparen Sie nicht mit positiver Verstärkung (■■■ Kapitel 15), wenn die Ergebnisse besser werden, machen Sie aber auch deutlich, dass in Aussicht gestellte Sanktionen nicht nur leere Worte sind.

Kennen Sie das Boreout-Syndrom?

Überforderung, Stress und übersteigerter Perfektionismus sind die Ingredienzien, die bei Managern und Führungskräften leicht zu chronischer Erschöpfung führen, zum wohl bekannten Burnout-Syndrom. Aber auch wenn die Arbeit langweilt und unterfordert, resigniert der Mitarbeiter irgendwann, im schlimmsten Fall erkrankt er. Die Ursache für **Boreout** können falsche oder zu wenige Aufgaben sein. Nicht jeder, der busy wirkt, ist auch sinnvoll ausgelastet. Da Müßiggang im Büro nicht gerne gesehen wird, entwickeln Arbeitnehmer ausgefeilte Techniken, um gestresst zu erscheinen. Sie arbeiten nicht, sie tun nur, als ob. Der Mitarbeiter gibt sich voller Tatendrang, kommt früh ins Büro und geht spät. Er nimmt abends den Aktenkoffer mit, ohne ihn daheim jemals zu öffnen. Engagement wird simuliert. Die Betroffenen fühlen sich ob der Arbeitslüge unglücklich. Abgeschlagen, müde, gereizt und emotional stumpf kommen sie nach Hause, obwohl sie nichts geleistet haben. Das süße Gift des Nichtstuns ist nicht zu verwechseln mit Freizeitgestaltung während dem Dienst. Ein alarmierender Umstand, meinen *Philippe Rothlin* und *Peter Werder,* beide Unternehmensberater in der Schweiz. Sowohl in ihrem Buch „Diagnose Boreout. Warum Unterforderung im Job krank macht." als auch unter www.boreout.com weisen sie darauf hin, dass die Ursache an zwei Stellen einer Arbeitsbiografie beobachtbar ist:

- Schon ganz zu Anfang des Berufsweges, bei der Wahl der Ausbildung, kann die Fehlentscheidung getroffen worden sein.
- Oder der Boreout-Kandidat arbeitet in einem Unternehmen, in dem er einfach unterfordert ist und keine Perspektive sieht (Kapitel 8).

„Wer an Boreout leidet, ist faul gemacht worden", so das Autorenteam. Befallen von lähmendem Desinteresse weiß der Dienstnehmer oft selbst nicht, dass ihn Langeweile ausgebrannt hat. Verantwortung und Eigeninitiative sind die Gegenmittel! Überträgt man dem Betroffenen eine anspruchsvollere Aufgabe, stellen die Berater schlagartig Heilung in Aussicht.

Achten Sie auf die Strategie der Gelangweilten!

Dokument-Strategie

Sollte der Chef um die Ecke biegen, hat der Mitarbeiter immer eine x-beliebige Präsentation griffbereit. Beim Privatsurfen im Internet ist parallel immer ein geschäftliches Dokument geöffnet, auf das – bei Beobachtung – gewechselt werden kann.

Pseudo-Commitment-Strategie

Auch beim abendlichen Überstundenmachen wirkt der Mitarbeiter höchst busy. Schließlich werden Powermenschen nicht so leicht für Boreouts gehalten. Allein die messbaren Resultate bleiben aus.

Komprimierungs-Strategie

Übertragene Aufgaben erledigt der Dienstnehmer in Windeseile, aber verschweigt das fertige Ergebnis. Statt sich für neue Projekte zurückzumelden, verwendet er die Arbeitszeit für Privates. Hier waren Sie in der Führungsrolle schleißig, denn Ihr Job ist es, durch begleitende Kontrolle den Arbeitsfortschritt zu prüfen.

Flachwalz-Strategie

Für neue Aufgaben wird ein sehr großzügiger Zeitraum kalkuliert. Das schafft temporäre Ressourcen für andere Tätigkeiten. Je besser Sie Bescheid wissen, wie viel Zeit die Aufgabe tatsächlich erfordert, desto wirkungsvoller können Sie lenken.

Damit in Ihrem Team der Motor rund läuft ist es notwendig, die eigenen Kontrollmechanismen von Zeit zu Zeit zu überprüfen.

BE BOSS TRAINING 28

Welche Arten der Kontrolle praktizieren Sie?

- Selbstkontrolle
- Ergebniskontrolle
- Stichproben
- Begleitende Kontrolle

Nutzen Sie die Grafik und analysieren Sie, welche Formen von Kontrolle für Ihre Mitarbeiter passend sind!

Kapitel 29

Zeitreligion light

Die Zeitreligion

Eroberungsfeldzüge und Marktraub gibt es immer noch, nur die Geschwindigkeit ist gestiegen. Kolumbus hat für seine erste Entdeckungsreise nach Amerika noch ein ganzes Jahr gebraucht und abends ins Logbuch geschrieben, was sich tagsüber ereignete. Heute ist es umgekehrt: Wir schreiben uns die Erfolge und Geschehnisse im Kalender vor. Manche davon dauern nur wenige Minuten – zum Beispiel Spekulationen an der Börse. Tempo bestimmt im heutigen Leben oft über den Erfolg. Schlimmer noch: Die Zeit bestimmt über den Menschen.

Wer hat die Zeit erfunden? War es Galilei mit seinem Pendel? Nein, die ersten systematischen Gedanken über die Zeit sind uns wieder einmal von Platon (427–347 vor Christus) überliefert. *„Ihre Existenz ist nur an die Gegenwart gebunden, Vergangenheit existiert nicht mehr, das Zukünftige gibt es noch nicht. Das Jetzt ist unteilbar."*

Der Stolperstein in 17 Sekunden: Während sich die Welt noch immer über die verschiedenen Glaubensrichtungen streitet, merken die wenigsten, dass wir alle längst vereint und gefangen sind in der neuen – der Zeitkirche. – Gemäßigte Christen ebenso wie Fundamentalisten oder Atheisten.

Untersuchen wir die Begriffe „Religion“ und „Zeit“ finden wir viele Definitionsparallelen: Als **Religion** (von lat. *religere* = rückbinden) bezeichnet man eine Vielzahl unterschiedlicher kultureller Phänomene, die menschliches Verhalten, Denkweisen und Wertvorstellungen normativ beeinflussen. Gekennzeichnet ist jede Glaubensrichtung von Symbolen:

a)

b)

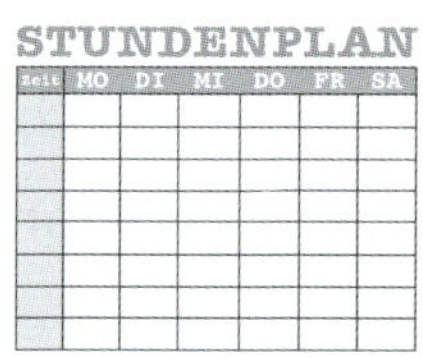

c)

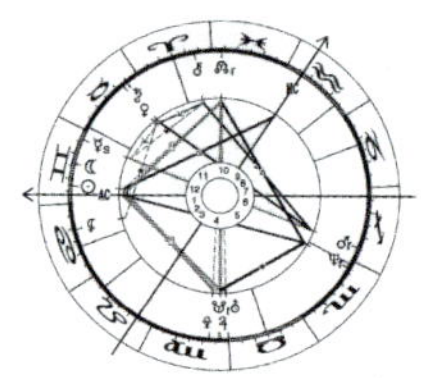
d)

e)

Wir alle sind, ohne es zu bemerken, der Zeitreligion beigetreten: Das erste, was von einem Neugeborenen aufgeschrieben wird, ist die Geburtsstunde. Das letzte, was von uns übrig bleibt, sind Zeitdaten auf dem Grabstein: Von – Bis. Dazwischen leben wir nach Stundenplänen, Timern, ... unser Leben ist geplant: Fixgeburten via Kaiserschnitt, Flugzeiten und den im Kalender eingetragenen Urlaubstagen. Ärger gibt es, wenn wir „zeitreligiöse“ Feiertage vergessen: Geburtstag, Hochzeitstag.

Deshalb gilt: Nur wer sich zwischendurch leere Zeitfenster gönnt und den Glauben an das Temporale gelegentlich auf die leichte Schulter nimmt, kann sich erholen.

Wenn Ihnen der Begriff „Religion“ im Zusammenhang mit „Zeit“ nicht gefällt, dann ersetzen Sie ihn durch das Wort „Sekte“. Überprüfen Sie selbst, wie gut die Erkennungsmerkmale einer Sekte auf den Faktor „Zeit" passen:

Sektenmerkmal	Zeitkirche
Absolutheitsanspruch (gegenüber anderen Glaubensrichtungen oder Gemeinden)	Überall auf der Welt gibt es Uhren.
Autoritäre Führungsstrukturen: fördern und fordern die Abhängigkeit	Jeder muss die Uhr kennen, um seiner Arbeit nachzugehen, reisen zu können, Buchungen im Restaurant vorzunehmen.
Scharfe Kontrolle des Privatlebens und ausgeprägte Normierung des Lebens der Mitglieder	Geburtsurkunde, Stundenpläne, Timer, Kalender, Pläne im öffentlichen Verkehr, ...
Aggressive Missionsmethoden, die vorwiegend der Gewinnung neuer Mitglieder dienen	Kinder bekommen schon früh Wecker und zur Firmung Uhren geschenkt. In jedem Handy gibt es Zeiterfassungen. In vielen Berufen wird nach Stunden bezahlt.
Geld spielt eine wesentliche Rolle	*„Zeit ist Geld"*
Fazit: Wir sind nicht mehr Herr über unser Handeln	

Natürlich sind vordergründig viele Vorteile damit verbunden, wenn wir Zeit messen und einteilen. Je behutsamer und geplanter wir mit unseren täglichen 24 Stunden umgehen, desto mehr können wir leisten. Es ist einfacher, Menschen zu einem fixen Zeitpunkt zu treffen, als bei Sonnenuntergang und beim dritten Heulen des Wolfes. Geschäfte nach dem Sonnenstand abzuwickeln ist ebenso wenig empfehlenswert. Schlicht: Unser

Leben ist klarer strukturiert und wir leben lieber kontrolliert (■■■ Kapitel 30).

Lüften durch Zeitfenster

Selbst wenn wir in Zeitmanagement-Seminaren unseren Zeitkillern auf die Schliche kommen und uns zwischendurch bemühen, Freizeit oder Essenszeit unverplant zu genießen, gibt es aus dieser Religion keine Ausstiegsmöglichkeit. Da gibt auch die Entschleunigungs-Gemeinde wenig Hoffnung! Jeder Versuch, dem Faktor Zeit zu entrinnen, wird langfristig zwangsweise scheitern. Es wäre fast so, als würde man versuchen, den Tod umgehen zu wollen. – Ironischerweise führen Bestrebungen dieser Art nur dazu, dass wir heute noch zeiterfassbarer sterben. Schließlich wusste bei den tausenden Pestopfern niemand den genauen Todeszeitpunkt. – Auch bei historischen Promis, wie Mozart, rätseln die Experten bis dato. Das ist heute selten geworden. Der Todeszeitpunkt kann mittlerweile schon sehr exakt bestimmt werden – nur ist es dann mit Sicherheit zu spät.

Egal wie ernsthaft Sie es versuchen, aus der Zeitkirche kommen Sie nicht mehr raus. Auch wenn Sie sich drei Wochen Urlaub nehmen, nichts planen und sich nur treiben lassen, so hat der Urlaub doch ein dezidiertes Ende – laut Kalender.

Die einzige Chance, die vorgegebene Zeitrhythmik zu durchbrechen, ist – ebenfalls ganz vorsätzlich – Zeitfenster zu kalkulieren. Bitten Sie Ihren Assistenten, für Sie jede Woche ein unverschiebbares Zeitfenster von mindestens drei Stunden einzuteilen. Sie werden in dieser Zeit natürlich ebenso Ihrer Arbeit nachgehen, aber eins nach dem anderen – und vor allem in Ihrem Tempo. Wie wohltuend!

Zeit Light-Methode

Immer wenn es kein Entrinnen gibt, bewährt sich die Methode „Light". Wir können wählen zwischen Softdrinks, der Pille, Joghurts, die Light-Industrie boomt! Die Simple Living[49]-Experten bieten hier Möglichkeiten an, die eigene temporale Syntax zu durchbrechen:

Ein Beispiel aus dem **Privatleben: Eine Woche ohne Einkaufen**

Dieses Experiment erfordert ein wenig Vorbereitung: Kaufen Sie alle Lebensmittel usw. ein, die Sie (und Ihre Familie) voraussichtlich für genau eine Woche benötigen. Tanken Sie Ihr Fahrzeug ein letztes Mal auf. Bis auf die notwendigsten Frischeartikel sollten Sie vollkommen auf das Einkaufen (auch via Internet/Telefon!) verzichten. Sollten Sie während der Woche bemerken, dass Sie etwas vergessen haben, schreiben Sie diesen Artikel auf – aber kaufen Sie ihn nicht! Versuchen Sie vielmehr, dieses Produkt durch Alternativen zu ersetzen. So, jetzt freuen Sie sich auf:

- viel mehr Zeit durch das Entfallen des Einkaufs
- gespartes Geld, weil auch Impulskäufe keine Chance haben
- neues Selbstbewusstsein, weil Sie Wichtiges von Notwendigem unterscheiden

[49] http://www.simpleliving.de/Schritte.html, Stand 22.10.07.

Ein Beispiel aus dem **Führungsalltag:** **E-Mail-freier Freitag**[50]

Ein ganz anderes Pilotprojekt schwebte den Führungskräften von Intel vor: Nach dem „Casual Friday", bei dem zum Wochenausklang auch Freizeit-Kleidung im Büro erlaubt ist, kommt nun der „E-Mail-freie Freitag". Ausgerechnet beim größten Chiphersteller Intel haben 150 Ingenieure das Pilotprojekt „Zero E-mail Fridays" gestartet. Wie die Zeitung „USA Today" berichtet, wollen die Techniker des amerikanischen IT-Konzerns durch den Verzicht auf die elektronische Post die hausinterne Kommunikation verbessern. Der klare Vorteil:

- das persönliche Gespräch wird gefördert
- dadurch verbessert sich auch der Austausch von Ideen
- diese Entschleunigung – durch direkte Kommunikation – schafft Atmosphäre im Team

50 http://diepresse.at/home/techscience/internet/337962/index.do, Stand 18.11.07.

BE BOSS TRAINING 29

Wie könnte die **Light-Methode** in Ihrem Führungsalltag aussehen?

Kapitel 30

Wer Zeit plant, spart

Zeit ist das einzige Gut, das sich nicht vermehren lässt. Die Uhr tickt ewig weiter. Zeitknappheit bestimmt scheinbar unser Leben. Darum ist der souveräne Umgang mit dieser Ressource eine wesentliche Kompetenz, die gelernt werden kann.

Abteilungsleiter arbeiten durchschnittlich 2420 Stunden pro Jahr. Zwei Drittel aller Tätigkeiten dauern unter neun Minuten[51]. Der Arbeitsalltag ist voll von ungeplanten und nicht vorhersehbaren Ereignissen. Schon 1956 hat eine Studie belegt, dass Führungskräfte im Durchschnitt alle 48 Sekunden[52] vor eine neue Situation gestellt werden. Bedenken Sie, das war vor der Entwicklung von Mobiltelefon und Computer! Beide Innovationen verführen massiv zum „Multitasken". Heute würde diese Statistik wahrscheinlich noch extremer ausfallen.

Der Arbeitsalltag einer Führungskraft ist vergleichbar mit einem Tau, das aus vielen Fasern geflochten ist. Einzelne kommen an die Oberfläche, verschwinden bald wieder und laufen im Inneren weiter. Dort verbinden

[51] Vgl.: *Neuberger:* Führen und führen lassen, 2002, Mintzbergstudie (S. 460).
[52] Vgl.: *Guest*, 1956.

sie sich mit anderen und tauchen an anderer Stelle wieder auf[53]. Genau diese Unberechenbarkeit macht das Streben nach Zeit-Souveränität so schwer.

Erfolgsmanager sind „Kommunikatoren"

Den größten Teil des Tages verbringen Leader mit Gesprächen, persönlichen Meetings oder auch am Telefon. Interessant ist, dass der Grad des Erfolges auch davon abhängt, wie viel Zeit für Beziehungsarbeit reserviert wird. Topmanager planen dafür bis zu 50% des Tages ein. Daraus ergibt sich jedoch noch ein weiteres Problem von Führungskräften: Sie haben keinen festen Arbeitsplatz. Information ist eine Holschuld, das bedeutet: Sie müssen sich bewegen, vor Ort sein. Schon der Weg von A nach B kann zum Kommunikations-Staffellauf werden. Selten ist es mit einem kurzen *„Hallo, alles ok?"* getan. Denn aus jedem Gespräch sollte **„Merk Würdiges oder Merkenswertes"** resultieren. Entweder eine neue Idee, ein Kontrollbereich oder auch eine wesentliche Information, die Sie weiter kommunizieren sollten. Das Hirn und der Mund arbeiten auf Hochtouren – manchmal auch die Beine. Durchschnittlich legt ein Manager immerhin 4000 Schritte während eines Arbeitstages zurück.

Wer nun stur versucht, „wichtig" und „dringend" als Parameter für die Zeitstruktur einzuhalten, der verliert Flexibilität und den Anschluss an die informellen Kommunikationskanäle: Spekulationen, Gerüchte, Klatsch, Andeutungen, Insiderhinweise. Vorgesetzte leben von Informationen!

---

[53] *Neuberger,* 2002, S. 477.

Planen was nicht vorhersehbar ist

Sicherlich können auch Sie bei Ihrem Zeitmanagement etwas verbessern. Frustrierend ist es jedoch, die Strategie von einem Tag auf den anderen völlig umzustellen. Ein oder zwei Wochen schaffen Sie damit Struktur, doch danach schafft die Struktur Sie! Nehmen Sie sich Zeit für Ihre Zeit.

1. Machen Sie eine Woche lang Aufzeichnungen, wie Ihr Arbeitstag aufgebaut ist. Schreiben Sie geplante und unvorhersehbare Ereignisse möglichst akkurat auf.

2. Den Sonntag nutzen Sie für die Analyse:
   a) Kennzeichnen Sie in Ihren Aufzeichnungen mit unterschiedlichen Farben die Tätigkeitsbereiche, z. B. grün ist strategische Planung, blau Personalführung, rot Verwaltungstätigkeit, gelb Kundengespräche, violett Troubleshooting etc. ... Durch welche Tätigkeiten zerrinnt die Zeit zwischen den Fingern und hält Sie von Ihren vorrangigsten Führungs- und Managementaufgaben ab? Wo sind die Zeitfresser – sowohl selbst verursachte als auch fremdbestimmte?
   b) Zu welchen Tageszeiten kommt der Ablauf durch Störungen von außen besonders durcheinander? Z. B.: In welchen Stunden klingelt das Mobiltelefon ununterbrochen?
   c) Wie beurteilen Sie Ihre Leistungskurve während des Tages? Wann sind Sie topfit und auf Kommunikation eingestellt? Zu welcher Zeit leisten Sie besonders produktiv Hirnarbeit? Um wie viel Uhr ist Ihr Tiefpunkt?

Der Stolperstein in 7 Sekunden: Zeit = Leben. Wer seine Zeit nicht einteilen kann, hat sein Leben nicht im Griff!

3. Verschaffen Sie sich einen mittelfristigen Überblick Ihrer Projekte. Übertragen Sie Deadlines mit einem Zeitpuffer in eine Jahresübersicht. Notieren Sie auch Geschäftsreisen und Urlaube. Vergessen Sie Fixtermine nicht, wie z. B.: das wöchentliche Abteilungsmeeting oder die Aufsichtsratsitzungen.

4. Nun wenden Sie sich den einzelnen Tagen zu. Planen Sie zu jedem Termin 10 bis 20 % Pufferzeit dazu. Sollten diese nicht gebraucht werden, lässt sich die gesparte Zeit mit anstehenden Telefonaten bestimmt sinnvoll nützen. Setzen Sie klare Prioritäten und markieren Sie diese nach der ABC-Analyse[54]. Das bedeutet natürlich auch, bestimmte Arbeiten zu delegieren; die Kontrolle geht im Gegenzug wieder auf Ihr Zeitbudget. Je weniger Zeit Sie fix verplanen, desto weniger Stress erleben Sie.

5. Vergessen Sie in Ihrem Zeitplan nicht auf die Ich-Zeiten[55]! Jene Zeit, die Sie für Reflexion und Krafttanken freihalten. Ihre unerlässlichste Ressource sind schließlich Sie selbst (Kapitel 29)!

6. Arbeiten Sie zwei Wochen mit der neuen Zeitstruktur! Wobei die erste oder die letzte Stunde des Arbeitstages ungestört der Ideenfindung oder einem wichtigen Projekt gewidmet sein soll. Das Telefon hat eine Lautlostaste und keiner zwingt Sie, Mails unverzüglich zu lesen. Legen Sie ähnliche Tätigkeiten im Tagesverlauf zusammen. Zum Beispiel sind die späten Vormittagsstunden ideal für Telefonate. Mails beantworten Sie in der Stunde nach dem Mittagessen, oft ist

---

[54] ABC-Analyse: **A** – für sehr wichtige Aufgaben, **B** – für wichtige Aufgaben, **C** – für Routine-Aufgaben.
[55] Vgl.: *Lackner; Triebe:* Rede-Diät®, 2006.

zu diesem Zeitpunkt das körperliche Energielevel ziemlich niedrig, aber diese Arbeit lässt sich gut erledigen.

7. Nach 14 Tagen überprüfen Sie Ihre neue Strategie und passen die Punkte an, die für Sie noch nicht optimal sind.

Disziplin zahlt sich aus, der Umgang mit Ihrer Lebenszeit wird souveräner. Lernen Sie in **selbstbestimmter** und **fremdbestimmer** Zeit zu denken und planen. Dadurch wird der Tag nicht länger, doch die Qualität des Tages steigt.

BE BOSS TRAINING 30

Starten Sie in den nächsten Arbeitstag gleich mit genauen Aufzeichnungen!

Zeit	Tagesplanung	Priorität
08:00	Betrete das Gebäude und treffe ...	C
08:10	Computer hochfahren, Mails checken und die wichtigsten rasch beantworten.	B
08:13	Telefongespräch mit ...	B
08:15	Reports der Vorwoche studieren.	A
08:22	Als Reaktion auf mein Mail ruft XY an.	B

Kapitel 31

Viele Binsenweisheiten führen in die Glücksfalle

Britische Wissenschaftler haben eine Weltkarte des Glücks gezeichnet. 178 Länder wurden von den Psychologen der Universität Leicester untersucht. Die Frage war[56]: In welchen Ländern sind die Menschen am glücklichsten? Dazu werteten sie mehr als 100 Studien aus und befragten 80.000 Personen. Ergebnis: Auf den Plätzen eins bis vier liegen Dänemark, die Schweiz, Österreich und Island. Auf den hintersten Rankingplätzen befinden sich: Kongo, Simbabwe und Burundi. Interessant ist, dass die Glücksländer wohlhabend sind. Alle haben ein funktionierendes Gesundheits- und Bildungssystem, die Arbeitslosigkeit hält sich in Grenzen. Diese Länder sind eher klein und die sozialen Unterschiede gering. Die Landschaften sind schön, aber keine Tropenparadiese. Daher: viel Winter und oft Regen.

Die Glücksforscher wissen inzwischen ziemlich genau, wie „Happiness Flow" entsteht und aus welchen Bestandteilen er sich zusammensetzt. Ein glücklicher Mensch ist aktiv, er tut viel (Faulenzer sind meist unglück-

---

56 http://www.tagesspiegel.de/zeitung/Fragen-des-Tages;art693,2262153, Stand: 29.9.07, http://www.le.ac.uk/pc/aw57/world/sample.html

lich). Der Glückliche hat rege soziale Beziehungen (Einzelgänger sind meist unglücklich). Menschen mit sonniger Ausstrahlung haben ein intaktes Selbstwertgefühl und glauben, das eigene Leben ohne viel Fremdbestimmung selbst kontrollieren zu können. Außerdem versuchen sie dem Leben auch abseits des Berufes und der Familie Sinn zu geben. Menschen dagegen, die sehr vorsichtig sind, sorgfältig planen und alles genau abchecken, bevor sie etwas beginnen, sind weniger glücklich als spontan Lebende. Wer Unglück um jeden Preis vermeiden möchte, wird damit nicht glücklich.

Wir sollten uns also von den durchschnittlich 60.000 Gedanken, die jeden Tag durch unseren Kopf schießen, nicht allzu viele über Glück machen. Lieber das Leben pragmatisch sehen! – Die Dänen machen es genauso. Daher: Achtung vor den Glücksformeln!

„Du musst positiv denken!“

In einer Welt, in der Glücks-Ratgeber eine ganze Industrie ernähren und es Erfolgsseminare für jedermann gibt, stehen die fanatischen Optimisten hoch im Kurs. Alle Probleme lassen sich angeblich bereits durch positive Betrachtung schmälern. Denn: *„Das Glas ist für die meisten lieber halb voll, als halb leer.“* – Was für eine Binsenweisheit!

Der Stolperstein in 14 Sekunden: Schnell sind Einflüsterer zur Stelle, die es mit der neuen Führungskraft „gut meinen“. Wer sich rechtzeitig um sein eigenes Weltbild kümmert, tappt weniger leicht in die Glücksfalle und wird kein Opfer von falschen Affirmationen.

Führungskräfte sollten kaufmännisch betrachtet doch lieber vom Worst-Case-Szenario ausgehen, statt böse Überraschungen durch euphemistische Prognosen zu fördern. Ergebnissicher planen heißt immer einen Plan B zu kennen, der – falls alles schief geht – aus der Katastrophe führt.

„Du kannst, was Du willst!"

Die Kalenderliteratur ist auf dem Vormarsch und internationale Erfolgsformeln klingen wie selbst gereimt. Harte Arbeit war gestern – heute stehen „Mentaltrainings", „Empowerment" und „Erfolgsworkshops" auf dem Managerbildungsplan. – Dass „Erfolg" nicht nur eine Frage der inneren Einstellung ist, sondern vor allem vom Wort „erfolgen" kommt, bedenken dabei die wenigsten. In einer Welt der Individualisten kann scheinbar jeder werden was er will, solange er seine Glaubenssätze selbst herunterbetet. – Schmerzlich ist für den einen oder anderen die Erkenntnis, dass doch nicht alles geht, nur weil man es bitte, bitte ganz fest will. In aller Bescheidenheit müssen dann Wünsche reduziert und in realistische homöopathische Potenzen übersetzt werden. Wie heilsam! Schließlich ist es keine Schande sich einzugestehen, dass kaum jemand in diesem Leben Wimbledon, Monte Carlo oder den Eurolotto-Jackpot gewinnen wird – selbst wenn er sein Lebensglück daran festmacht. Bei aller Selbstbestimmtheit sind wir immerhin noch einigen Unbekannten im Leben ausgesetzt, auf die wir – Psychokinesiologie hin oder her – wenig Einfluss haben. Affirmationsformeln à la *„Ich kann, was ich will"* sollten ersetzt werden durch die viel wichtigere Frage: *„Ist mir mein Erfolg diesen Preis wert?"*

„Wie man in den Wald ruft …"

Auf vielen Säulen steht das Glück laut Bestsellerautor *David Niven.* Wie wir mit unserer Umwelt kommunizieren ist nur eine davon und verleitet einfache Gemüter zur landläufigen Behauptung: *„Wie Du anderen begegnest, so werden sie auch Dir begegnen".* – Eine völlig unhaltbare These, wie Kindermorde, Vergewaltigungen und andere Verbrechen beweisen. Dabei müssen gar nicht erst die Extrembeispiele strapaziert werden. – Jeder, der in Wien in ein Kaffeehaus geht und freundlich bestellt, weiß, dass es eben nicht immer gleichsam lieblich zurückschallt. Das Gesetz des Echos ist oft eine Kontradiktio in se.

Auch in der Wirtschaft erfahren selten die „netten unkomplizierten Kunden" eine Besserbehandlung. Dagegen sind ganze Heerscharen von Beschwerde-Abteilungen darauf trainiert, anspruchsvolle oder unzufriedene Käufer besonders aufmerksam zu behandeln. Oft sind nach dem gelungenen Reklamationsgespräch die Geschäftsbeziehungen enger und die Konditionen für den Kunden deutlich attraktiver als vorher. – Ein Vorteil, den der „brave unauffällige" Kunde aus der zufriedenen Masse nie erhalten wird. Manchmal ist es also durchaus empfehlenswert, sich mit dem Label „schwierig" anzufreunden, da die Problemlöser sich dann auf den Plan gerufen fühlen.

Mut ist gefragt! Die „lästigen" Unternehmer stellen sich jedoch quer und bekommen – dank Mut und Verhandlungsgeschick – bessere Zahlungskonditionen oder Skontierungen.

„... so schallt es zurück!"

Fein, wenn der Vorgesetzte seinen Mitarbeitern positiv begegnet. Noch schlauer ist, die eigene Menschenkenntnis immer wieder zu überprüfen. – Enttäuschungen, Intrigen und Betrügereien passieren schließlich nicht nur in anderen Unternehmen. Die Devise heißt: Auf der Hut sein und lernen, banales Gemauschel im Team von geschäftsschädigendem Paktieren zu unterscheiden. Betrogen fühlen sich schließlich nur jene Führungskräfte, die vom Vertrauensbruch überrascht wurden. Naivität – auch durch Stehsätze getarnt, Marke: *„Ich-glaube-halt-immer-noch-ans-Gute-im-Menschen"* – ist keine Tugend.

Viele Glaubenssätze oder Ratschläge sind Binsenweisheiten, deren Wahrheitsgehalt beim näheren Hinschauen schlicht fehlt.

Hinterfragen Sie Ermunterungen, wie...

„Sag niemals nie!"
Warum? Immerhin kann jeder Mensch bestimmte Lösungswege für sich definitiv ausschließen.

„Es kann nur noch besser werden!"
Jede Situation kann sich aber auch schlechter entwickeln. Auf das Gute und Gerechte allein zu hoffen ist sicher zu wenig.

„Es ist nie zu spät!"
Leider doch. Unsere Alternativen schrumpfen mit den Lebensjahren. Für vieles ist es in Ihrem Leben bereits zu spät. Wenn Sie z. B. nicht schon

seit Jahren trainieren, werden Sie Wimbledon nicht mehr gewinnen! – Und das ist gut so, denn niemand möchte sich heute mit den Milchzähnen oder dem ersten Liebeskummer befassen – auch nicht mehr mit dem ersten Jobangebot.

„Wo ein Wille, da ist immer ein Weg!"

Oft reicht der Wille nicht aus, um ein zahlungsunfähiges Unternehmen aus dem Konkurs zu führen. Beim besten Willen können wir uns auch nicht alles von unseren Mitarbeitern bieten lassen.

„Ohne Vitamin B geht gar nichts!"

Genügend Menschen verfügen sowohl über gute Beziehungen, einen hervorragenden Namen und bringen es trotzdem zu nichts. *Lisa Maria Presley* gehört zu den reicheren Frauen Amerikas. Sie hat gut geerbt, war mehrfach prominent verheiratet, kennt daher viele einflussreiche Menschen und schaffte es bis heute nicht, ihre eigene Karriere in Gang zu bringen. Gerade Kinder von bekannten Persönlichkeiten können ein Lied davon singen, dass Vitamin B alleine nicht alles ist.

BE BOSS TRAINING 31

Mit welchen Glaubenssätzen und falschen Affirmationen sind Sie aufgewachsen? Spüren Sie die Binsenweisheiten Ihrer Vorfahren, Lehrer oder Mentoren auf und finden Sie Gegenargumente – das ist die beste Medizin, diese zu löschen!

Binsenweisheit	Treffende Gegenargumente

Kapitel 32

Es irrt der Mensch, solang er strebt

Es ist sinnvoll, seine Fehler wichtig zu nehmen – wenn auch etwas anders als Erfolge. Denn eines ist sicher: Umwege erhöhen die Ortskenntnis. Es gilt eine „Fehlerkultur" zu entwickeln. Das bedeutet vor allem den offenen Umgang miteinander und das Eingeständnis, dass dort, wo gearbeitet wird, auch Fehler passieren. Aufgabe der Führungskraft ist ein Klima zu schaffen, in dem Mitarbeiter unmittelbar und angstfrei schwierige Situationen kommunizieren.

Unterscheiden wir:

Unvermeidbare Fehler

Sie beruhen auf „(noch) Nicht-Wissen", durch diese Irrtümer lernen wir Abläufe zu verbessern. Darum ist es nötig der Frage nachzugehen, warum ein Fehler aufgetreten ist. Praxisnahe Methoden helfen die Situation zu analysieren, solange die Eindrücke noch frisch sind. Wer Fehler regelmäßig aufarbeitet, verbessert kontinuierlich das System und beugt Wiederholungen vor.

Fehler aus Inkompetenz

Also „Nicht-Können". Zwischen Können und Wissen liegt ein wesentlicher Schritt: **die Erkenntnis.** In der Physik oder Chemie sind Versuche völlig selbstverständlich. Jeder Schritt des Experiments wird festgehalten, die Labormauer feit vor unerwünschten Konsequenzen. Für Führungskräfte, die ungeschützt im täglichen Leben stehen, gibt es nur wenig Möglichkeiten, an Inkompetenzen zu arbeiten: Seminare, Coaching und Training. Nicht die Fehler der täglichen Sacharbeit, sondern charakterliche Schwächen tun dem Unternehmen richtig weh.

Ursache ➜ Fehler ➜ Fehlerkonsequenz ➜ Lösung

Selbstverständlich ist in vielen Berufen das Null-Fehler-Gebot überlebensnotwendig, doch auch hier ist die Unterscheidung zwischen **Fehler** und **Fehlerkonsequenz** sinnvoll.

Ein völlig überarbeiteter Fluglotse zum Beispiel, der sich zu Beginn des Fluges mit dem Piloten verständigte, beging einen Fehler: Er gab für den gesamten Flug ausdrücklich die Flughöhe von 37.000 Fuß frei, obwohl der Flugplan zwei Wechsel der Flughöhe vorsah. Zum Zeitpunkt des Zusammenstoßes (Fehlerkonsequenz) hätte der Jet aber auf 38.000 Fuß sein müssen. Die Piloten haben sich nicht die Mühe gemacht, den Flugplan zu lesen, der ihnen schriftlich vorlag, sondern sich auf die mündliche Anweisung verlassen. Den Lotsen trifft eine Teilschuld, doch auch die Piloten und das Flugunternehmen sind verantwortlich. Damit solche Vor-

Der Stolperstein in 11 Sekunden: Wer zu viel Zeit und Kraft damit vergeudet, Fehler aufzuspüren, dem bleibt wenig Energie, die wichtigen Entscheidungen zur richtigen Zeit zu treffen.

fälle nicht wieder passieren, hat die Airline versprochen, etwa 20% mehr Fluglotsen einzustellen. Während ein spezielles Training zum Fehlermanagement für Piloten in Zukunft das Leben der Passagiere schützen soll.

Nur, wenn wir sowohl die Situation, in der Fehler entstanden sind, als auch potenzielle Fehlerkonsequenzen betrachten, gelingt es, das System zu verbessern. Diese Analyse braucht Zeit und ist Teil der Strategieentwicklung (Kapitel 13).

Nehmen wir unseren Mitarbeitern die Möglichkeit, selbst Fehler zu erkennen, verhindern wir die Chance, dass sie nächstens eigenständig die passenden Lösungen finden. Leiten wir sie gar nicht, werden sie aufhören zu suchen. *„Man kann einen Menschen nichts lehren, man kann ihm nur helfen, es in sich selbst zu entdecken",* meinte einst *Galileo Galilei.* Interessant war für uns die Erfahrung, dass gerade weibliche Führungskräfte – doch natürlich nicht nur Frauen – in Spitzenpositionen dazu neigen, zu rasch mit ihrer Lösung des Problems herauszurücken. Sicherlich passiert das in bester Absicht. Gut gemeint ist jedoch gerade in diesem Fall nicht gut gemacht.

1. Die Führungskraft ist Autorität und Mitarbeiter sind weisungsgebunden. Würden Sie sich über die Weisung eines Vorgesetzten hinwegsetzen? Im schlimmsten Fall riskieren Sie damit die Kündigung. So handeln Mitarbeiter ohne persönliche Überzeugung oder sogar dagegen, um die Respektsperson nicht zu desavouieren.

2. Andere Arbeitnehmer wiederum sind der Ansicht, Widerspruch schafft nur Probleme. Gewöhnen sich Teammitglieder daran, dass

die Lösung immer von oben kommt, werden sie – von sich aus – gar keine Vorschläge mehr bringen.

3. Auch für Sie selbst ist es mittelfristig weniger stressig, der Expertise Ihres Teams zu vertrauen. Sie können nicht in allen Belangen und zu jedem Zeitpunkt der Weisheit letzten Schluss kennen. Wer eine Angelegenheit lösen muss, sollte mit der dazugehörigen Genesis vertraut sein. Führen Sie Ihr Team lieber in die Eigenverantwortung, sonst haben Sie alle paar Minuten ein neues Problem auf dem Tisch.

Schaffen Sie es in Krisen-Situationen als Coach Ihrer Mannschaft zu agieren, profitieren Sie in vielerlei Hinsicht:

- Die Fehlerquote sinkt
- Neue Lösungen können kreiert werden
- Die Eigenverantwortung steigt
- Erfolgserlebnisse motivieren

Und war so klug als wie zuvor …

Auf der anderen Seite erleben wir auch Führungskräfte – übrigens gerade besonders intensiv geschulte –, die sich an der Lösungssuche nur noch scheinbar beteiligen. Nach den drei obligaten Standardfragen *„Wie ist es zu der Situation gekommen?", „Was haben Sie bereits unternommen?"* und *„Was schlagen Sie weiter vor?"* trottet der Mitarbeiter ohne einen sachdienlichen Hinweis von dannen. Im Gepäck hat er noch den Appell: *„Halten Sie mich über Ihre Entscheidungen auf dem Laufenden."*

Hier hat die Führungskraft versagt. Ein Kollege, der um Orientierung bittet, fühlt sich allein gelassen, wenn der Boss sich nicht auf die Situation einlässt. Würden Sie einen Freund in dieser Form abspeisen, wäre die Freundschaft wohl am Ende.

Die Grundfragen sind völlig richtig, unerlässlich ist es im nächsten Schritt gemeinsam Szenarien durchzudenken. Die Mäeutik[57] – die Hebammenkunst in der Rhetorik – hilft hier. Durch Fragen – und nicht durch Belehren des Gesprächspartners – werden Einsicht und schließlich zumindest zwei alternative Lösungsansätze „geboren".

Mäeutik im 21. Jahrhundert

- Sprechen Sie klar, kurz und konkret!
- Halten Sie an der gerade erörterten Frage fest und schweifen Sie nicht ab!
- Nehmen Sie jede Äußerung des anderen ernst!
- Prüfen Sie, ob Sie alles vollständig aufgefasst und verstanden haben.
- Sprechen Sie Fragen und Zweifel aus.
- Spielen Sie im letzten Drittel des Gesprächs den advocatus diaboli, um potenzielle Gegenargumente aufzuspüren!

---

[57] Als Mäeutik bezeichnete der griechische Philosoph *Sokrates* (* 469 v. Chr.; † 399 v. Chr., durch Gift hingerichtet) in Anspielung auf den Beruf seiner Mutter seine Kunst der Gesprächsführung.

Vielleicht kennen Sie das Gefühl aus dem Privatleben: Oft reicht es schon über ein Problem zu sprechen, die adäquate Haltung dazu findet sich durch die angeregte Kommunikation wie von selbst. Sicher ist das zeitintensiv, Ihre Investition wird jedoch mehrfach belohnt. Die Mitarbeiter schenken Ihnen zunehmend Vertrauen und Respekt, darüber hinaus ist es eine praxisorientierte Schulung in Problemlösungs-Kompetenz.

BE BOSS TRAINING 32

Übung 1:
Analysieren Sie Ihre Vorgangsweise anhand eines konkreten Problems!

Fehler: ____________________

Ursache: ____________________

Nicht-Wissen? ____________________

Nicht-Können? ____________________

Fehlerkonsequenz: ____________________

verbessernde Maßnahme: ____________________

Übung 2:
Eine Kollegin kommt mit einer für sie schwierigen Situation zu Ihnen. Was tun Sie?

Eine der sechs angebotenen Lösungen entspricht. Welche?

❏ Ich vereinbare einen Termin, um das Problem zu besprechen.

❏ Ich setze mich sofort hin und bespreche die Angelegenheit.

❏ Ich frage sie, worum es geht.

❏ Ich delegiere die Angelegenheit an meinen Assistenten.

❏ Ich bitte sie, mir eine Mail mit den Fakten zu schicken, damit ich für unser Gespräch vor Feierabend noch Hintergrundinfos kenne.

❏ Ich bitte sie, mir ihre Lösungsvorschläge morgen Früh zu präsentieren.

Kapitel 33

K9-Karussell – Ihre Unternehmensnavigation, Teil 2

Praktische Navigationssysteme zur aktiven Unternehmensgestaltung sind gefragt! Wertvoll ist in diesem Zusammenhang das K9-Karussell. Dieser mentale Setzkasten hilft, den Veränderungen und Erfordernissen im Business wachen Auges zu begegnen. Es ist von Vorteil, die vielen Facetten des Chef-Seins im Überblick zu behalten.

Im Kapitel 19 haben Sie die Beschreibung der einzelnen Komponenten des K9 gelesen. Nun geht es in einem weiteren Schritt darum, sich selbst zu prüfen!

Der Stolperstein in 14 Sekunden: Führungskräfte erhalten bedeutend seltener offenes Feedback als ihre Mitarbeiter. Weiterentwicklung und Reflexion sind in Teppichetagen daher eine Frage der Eigeninitiative. K9, das Be Boss Spiel, bringt Sie weiter!

K9-Karussell:

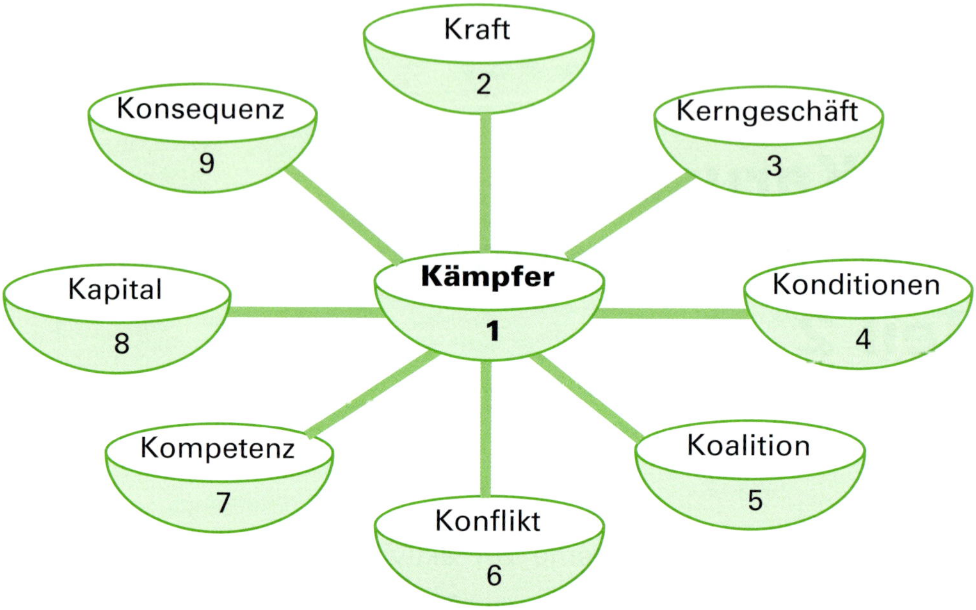

Ein Karussell ist technisch gesehen ein drehendes Fahrgestell und hat symbolisch durchaus Ähnlichkeit mit der Steuerung eines Unternehmens. Manchen wird durch Tempo und Geschaukel schwindlig, sogar schlecht. Wie beim Kreiselkompass sind die außen liegenden Teile mit dem Zentrum verbunden. In der Mitte steht die Führungskraft, bei der die wichtigen Fäden und Informationen zusammenlaufen. Im K9-Karussell ergeben sich jeweils drei relevante Verbindungen, aus denen sich Coachingfragen ableiten lassen: Alle haben mit dem Kämpfer – auf Position Eins – zu tun. Sie, als Führungskraft, sind die fixe Eins im Zentrum und können sich mit diesem Werkzeug stets aufs Neue testen: Wählen Sie eine Dreier-Zahlenkombination. Wichtig: Die Zahl **eins** bleibt **fix** auf der **Mittelposition**. Z. B.: 2**1**3, 4**1**6, 5**1**9, ... Dann suchen Sie die betreffende Zahl im Be Boss Spiel und beantworten die angeführten Fragen ausführlich!

Das Be Boss Spiel:

213

Wie viel Kraftreserven haben Sie als Kämpfer für Ihr Kerngeschäft? Welche Puffer gibt es noch?

214

Stehen Ihr Krafteinsatz und die vereinbarten Arbeitsbedingungen in einem ausgewogenen Verhältnis?

215

Wie anstrengend wäre es, sich nach weiteren Koalitionspartnern umzusehen?

216

Jeder Konflikt kostet Kraft. Aber nicht jeder ist die Mühe wert. Unter welchen Voraussetzungen lohnt sich ein Kampf?

217
Sie sind ein Kämpfer, gut. Stehen bei Ihnen Kompetenz und Leistung in Relation zueinander?

218
Von welcher Ressource haben Sie mehr? Kraft oder Geld?

219
Konsequent sein kostet Energie. Wodurch tanken Sie wieder auf?

312
Können Sie Ihr Geschäft aus eigener Kraft bearbeiten? Welche Unterstützung sollten Sie noch rekrutieren?

314

Wie lauten Ihre Geschäftsbedingungen? Müssen die alten neu formuliert oder adaptiert werden?

314

315

Welche Synergieeffekte bieten sich in Verbindung mit Ihrer Kernunternehmung mit anderen Betrieben an?

315

316

Welche Konflikte und Kontroversen sind in Ihrer Branche zu erwarten?

316

317

Sind Sie der Experte Ihrer Dienstleistung? Überwiegt Ihr fachliches oder unternehmerisches Know-how?

317

318
Wo liegt Ihr Break-even? Wie hoch ist Ihre Handelsspanne? Deckungsbeitrag?
318

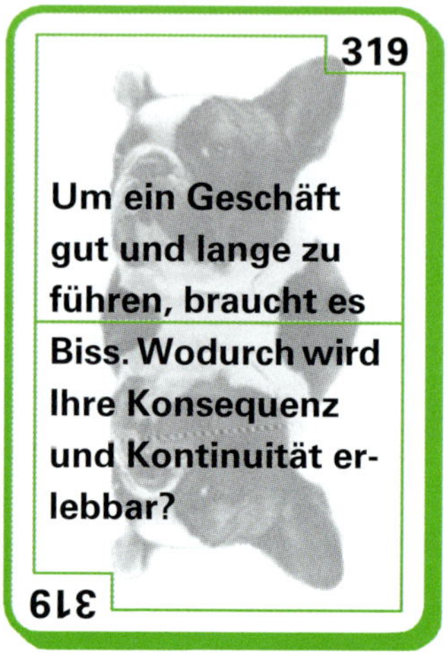
319
Um ein Geschäft gut und lange zu führen, braucht es Biss. Wodurch wird Ihre Konsequenz und Kontinuität erlebbar?
319

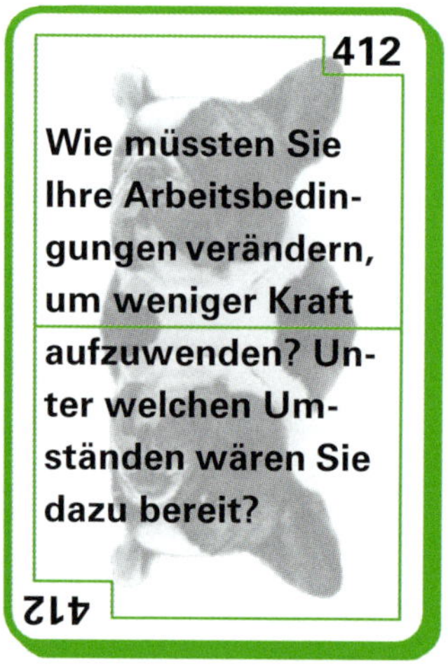
412
Wie müssten Sie Ihre Arbeitsbedingungen verändern, um weniger Kraft aufzuwenden? Unter welchen Umständen wären Sie dazu bereit?
412

413
Wie ist es um die Marktbedingungen in Ihrem Kerngeschäft mittel- und langfristig bestellt?
413

415

Welche Verhandlungspartner kommen für Sie in Frage? Unter welchen Bedingungen?

415

416

Welche Arbeitsumstände könnten à la longue zu Konflikten im Team führen?

416

417

Wann kümmern Sie sich wieder um Ihre eigene Weiterbildung? Welche Trainingsbedingungen und Inhalte sollten Sie recherchieren?

417

418

Wodurch können Sie Ihre Zahlungskonditionen im Einkauf verbessern, um Kapital zu sparen?

418

419

Was muss passieren, damit Sie Ihre Geschäftsidee, Funktion, … über Bord werfen? Wodurch wäre Ihre Arbeitsmoral und Führungskonsequenz am ehesten gefährdet?

419

512

Wie viel Zeit, Lust und Energie haben Sie, um geschäftliche oder strategische Netzwerke zu pflegen?

512

513

Welchen Kontakt haben Sie mit Ihrer Branchenorganisation? Gibt es regen Austausch?

513

514

Jede Führungskraft hat unternehmensinterne Verbündete. Räumen Sie diesen Privilegierten bessere Konditionen ein? Welche?

514

516

Wurden Sie in Geschäftsverbindungen schon enttäuscht? Was haben Sie daraus gelernt?

516

517

Welche Kompetenzen haben Ihre Koalitionspartner? Sind die Grenzen klar abgesteckt?

517

518

Durch welche Zusammenschlüsse ist Kapitalgewinn zu erwarten? Wie viel bringt das im Vergleich zum Aufwand?

518

519

Wie konsequent pflegen Sie Ihr privates Netzwerk – Freunde, interessante Begegnungen, ... – außerhalb der Arbeit?

519

612
Welche Konflikte haben zum augen-blicklichen Zeit-punkt keinen Sinn?
612

613
Wie stark ist der Verdrängungswett-bewerb rund um Ihre Funktion?
613

614
Welche Konflikte gibt es mit Lieferan-ten? Wie oft wech-seln Sie die Zuliefe-rer?
614

615
Wo im Team gibt es Koalitions-Tenden-zen? Welche inter-nen Konflikte sind daraus zu erwar-ten?
615

617

Fachliche Unstimmigkeiten erschweren den Alltag. Wo sind Kompetenzkämpfe für Sie erlebbar?

617

618

Ärger rund ums Geld. Lohnkürzungen und eingefrorene Gehälter führen zu Konflikten. Wie schützen Sie sich?

618

619

Häufig scheitern Führungskräfte an ihrer konsequenten Kontrolle. Wie ist das bei Ihnen?

619

712

Unter welchen Bedingungen könnten Sie mehr leisten?

712

713

Gibt es Menschen in Ihrem Team, denen Sie Kompetenzen übertragen könnten, um mehr Zeit für das Kerngeschäft zu haben?

713

714

Mit welchen Peers gibt es immer wieder Krach?

714

715

Für welchen nächsten Karriereschritt wollen Sie sich fit machen? Wer ist Ihnen dabei eine Hilfe? Networking?

715

716

Mangelndes Know-how der Führungskraft führt unweigerlich zum Konflikt. Wer aus dem Team kann Ihnen fachlich gefährlich werden?

716

718

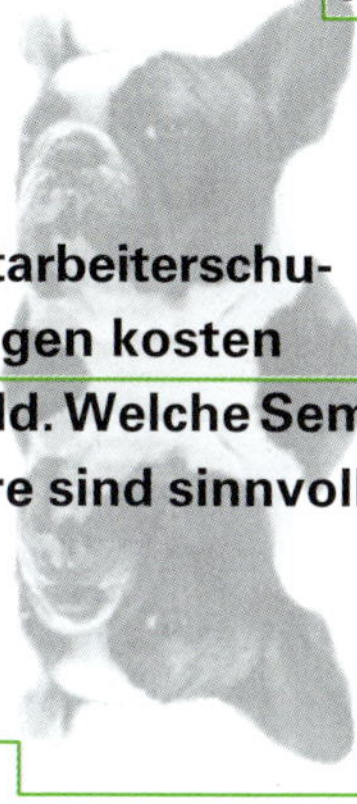

Mitarbeiterschulungen kosten Geld. Welche Seminare sind sinnvoll?

718

719

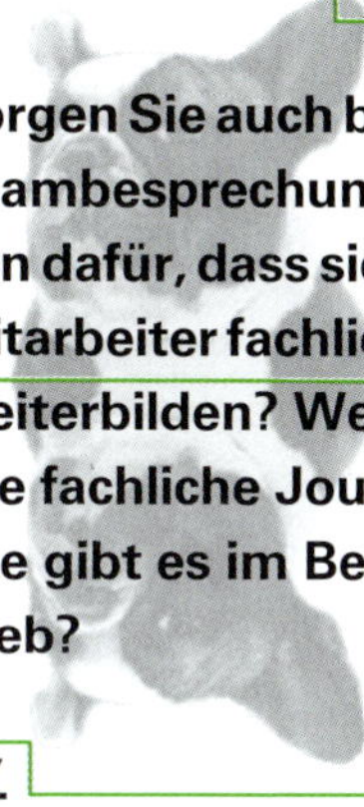

Sorgen Sie auch bei Teambesprechungen dafür, dass sich Mitarbeiter fachlich weiterbilden? Welche fachliche Jour fixe gibt es im Betrieb?

719

812

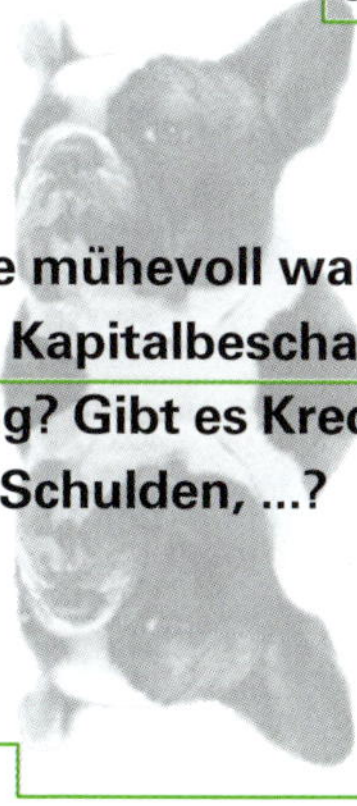

Wie mühevoll war die Kapitalbeschaffung? Gibt es Kredite, Schulden, ...?

812

813

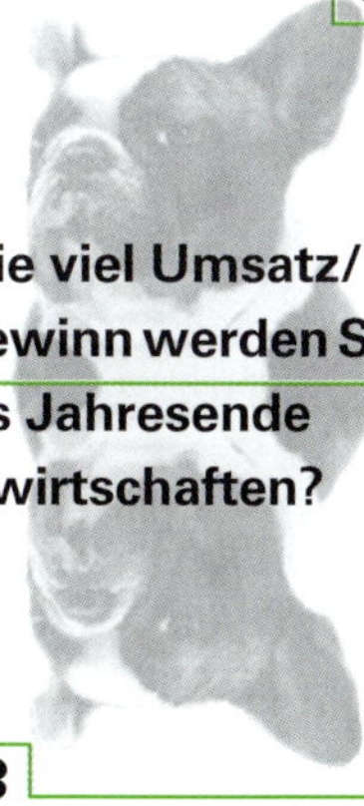

Wie viel Umsatz/ Gewinn werden Sie bis Jahresende erwirtschaften?

813

814

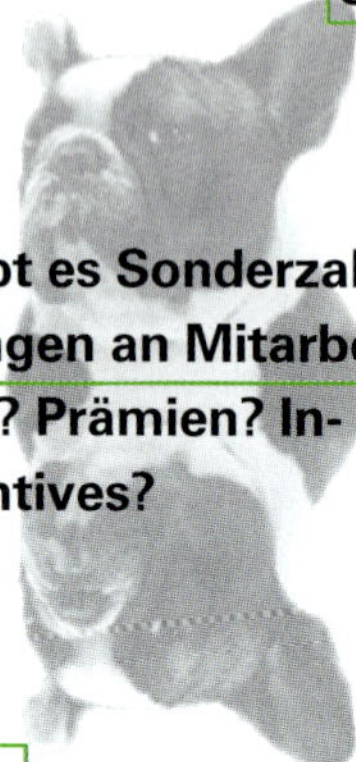

Gibt es Sonderzahlungen an Mitarbeiter? Prämien? Incentives?

814

815

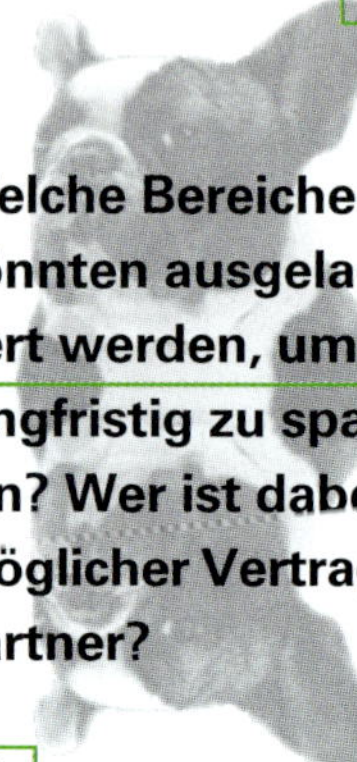

Welche Bereiche könnten ausgelagert werden, um langfristig zu sparen? Wer ist dabei möglicher Vertragspartner?

815

816

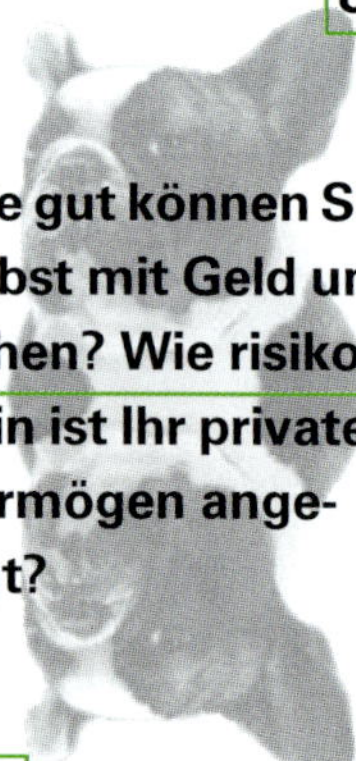

Wie gut können Sie selbst mit Geld umgehen? Wie risikoaffin ist Ihr privates Vermögen angelegt?

816

817

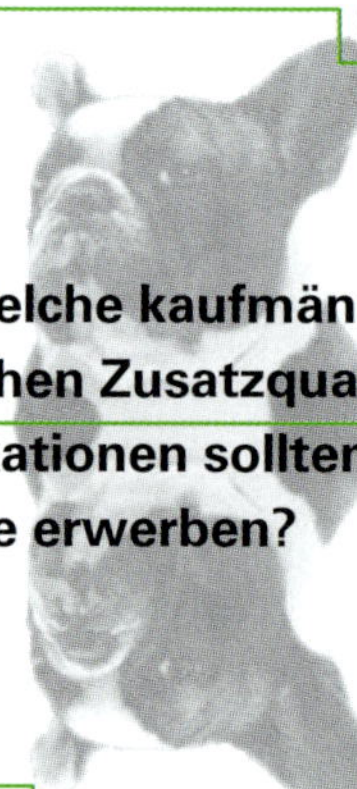

Welche kaufmännischen Zusatzqualifikationen sollten Sie erwerben?

817

819

Wie verlässlich bezahlen Sie Lieferanten, Mitarbeiter, Finanz, Krankenkasse, ...?

819

912

Kümmern Sie sich konsequent um Ihre eigene Gesundheit?

912

913

Verfolgen Sie die Weiterentwicklung in Ihrer Branche regelmäßig?

913

914

Wodurch schaffen Sie auch in Zukunft sichere Arbeitsplätze?

914

915

Verfügen Sie über Handschlagqualität? Welches Image haben Sie als Konsequenz daraus unter Ihren Geschäftspartnern?

916

Sind Sie konfliktscheu oder haben Sie den Atem, eine Angelegenheit bis zum Ende auszufechten?

917

Regelmäßiges Studium von Fachliteratur und die Teilnahme an Kongressen erweitern den Horizont. Wie viel Zeit nehmen Sie sich dafür?

918

Sind stetige Lohnerhöhungen unter Ihrer Führung die Ausnahme oder die Regel?

BE BOSS TRAINING 33

Fahren Sie eine Runde mit dem **Be Boss Spiel.** Beantworten Sie mindestens 5 Fragen! Hier noch einmal die Regeln:

Wählen Sie eine Dreier-Zahlenkombination. Wichtig: Die Zahl eins bleibt fix auf der Mittelposition. Z. B.: 2**1**3, 4**1**6, 5**1**9, ... Dann suchen Sie die betreffende Zahl im K9-Katalogkarussell und beantworten Sie die angeführten Fragen. Z. B. 8**1**5 wurde ausgewählt.

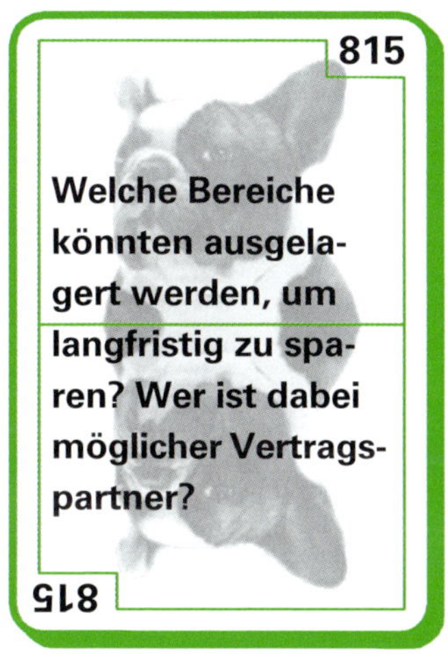

Die Schule des Sprechens

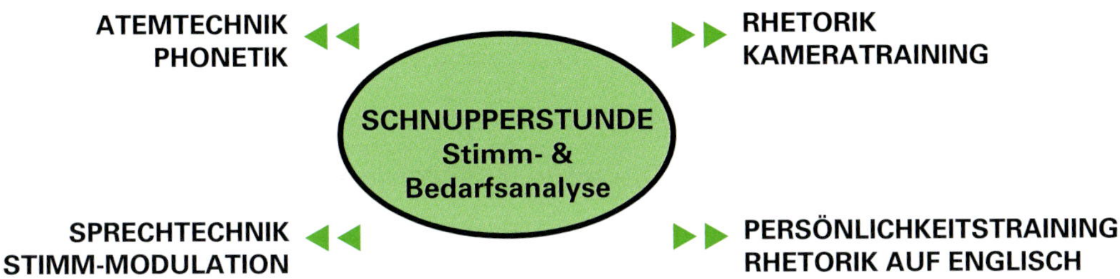

Die Schule des Sprechens hat das Ziel, Menschen, die durch gute Rhetorik punkten wollen, fundiertes Wissen und die damit verbundenen Fertigkeiten zu vermitteln.

Der Leistungskatalog umfasst Kommunikationstraining, Medien- und Pressecoaching, Kameratraining und gebundene Mediensprache im individuellen Modul-Konzept:

- Rhetorik bzw. Kommunikation auf Deutsch
- Kameracoaching und Sendevorbereitung
- Persönlichkeitstraining
- Outfit- und Styling-Beratung
- Körpersprache
- Rhetorik auf Englisch (Native Speaker)
- Atemtechnik

- Sprechtechnik
- Phonetik-Unterricht am Klavier
- Stimm-Modulation
- Schreibcoaching

Alle Unterrichtseinheiten finden im Einzeltraining, auf Wunsch auch als Seminar oder Vortrag statt. Die enge Zusammenarbeit zwischen Ihnen und Ihren Trainern garantiert den optimalen Lernerfolg. Zurzeit arbeiten in den Fachabteilungen über 40 Trainer, wobei die Core-Crew aus 15 Personen besteht.

Trainingsmöglichkeiten im Überblick:

10er-Block: Basisschulung, 20 Stunden (à 50 Minuten), Schnupperstunde, Stimm- & Bedarfsanalyse, Einschreibegebühr, Teilnahmebestätigung, Follow-up-Stunden.

Kommunikations-Expertise: Tatjana Lackner ermittelt in zwei Stunden das rhetorische und stimmliche Können des Kunden. Nach einer Woche sind die Aufnahmen ausgewertet. Im Analysegespräch wird der Ist-Zustand definiert. Ausgaben für Aufbautraining und für Firmenschulungen sind besonders dann sinnvoll, wenn eine Kommunikations-Expertise erfolgt ist. So schützen Sie sich vor Fehlinvestitionen!

Ausbildungen:

- **Der Lehrgang zum Buch**
  Dauer: ca. ein halbes Jahr, Zertifikat

Im **BE BOSS Lehrgang** haben Sie die Möglichkeit, sich die heutzutage karriererelevanten und branchenunabhängig einsetzbaren Schlüsselqualifikationen anzueignen.

Für wen ist der **BE BOSS Lehrgang** geeignet?

- Für Manager, die eine Führungsposition anstreben
- Für Projektverantwortliche, die auf gute Kooperation angewiesen sind
- Für Führungskräfte, die ihr Team erfolgreicher leiten wollen
- Für Unternehmen, die wissen, dass auch Führungskompetenz weiterentwickelt werden muss
- Für Selbstständige, die ein Team aufbauen

- **kommissionelle Trainer- und Sprechtrainer-Ausbildung**

  Dauer: ca. 18 Monate, Diplomarbeit, Zertifizierung durch Diplom

- **kommissionelle Sprecherausbildung**

  Dauer: ca. 18 Monate, Zertifizierung durch Diplom

Die Schule des Sprechens GmbH

Dorotheergasse 7 / 3. Stock

1010 Wien

Tel.: +43 (0) 1 513 87 10

Mobil: +43 (0) 676 517 88 17 oder 517 88 18

Fax: +43 (0) 1 513 87 10 15

schule@sprechen.com

www.sprechen.com

Literatur

Amabile, Teresa M.; Kramer, Steven J.: Was Mitarbeiter wirklich denken, in: Harvard Business Manager, 09/07.

Avolio, Bruce J.; Bass, Bernard M. (2002): Developing Potential Across a Full: TM Cases on Transactional and Transformational Leadership.

Axelrod, Robert (1988): Die Evolution der Kooperation. München, Oldenbourg.

Bartlett, Christopher (2007): Harvard Business Essentials Manager's Toolkit. The 13 Skills Managers need to Succeed. Boston, Harvard Business School Publishing.

Bauer, Joachim (2006): Prinzip Menschlichkeit. Warum wir von Natur aus kooperieren. Hamburg, Hoffmann und Campe.

Bauer, Joachim: Warum ich fühle, was Du fühlst. Hamburg, Hoffmann und Campe 2005.

Caspary, Ralf (Hrsg., 2006): Lernen und Gehirn. Der Weg zu einer neuen Pädagogik. Freiburg, Basel, Wien, Herder.

Göttermann, Lilo (Hrsg., 2007): Denkanstöße 2008. Ein Lesebuch aus Philosophie, Kultur und Wissenschaft. München, Piper.

Guest, Robert H.: Of Time and the Foreman, Personel 32, 478–486.

Kaspar, Helmut (Hrsg., 2004): Strategien realisieren – Organisationen mobilisieren. Wien, Linde Verlag.

Kaspar, Helmut; Mayrhofer, Wolfgang (Hrsg., 2002): Personalmanagement. Führung. Organisation. Wien, Linde Verlag.

Kasparow, Garri: Strategie und die Kunst zu leben. Denkanstöße 2008. München, Piper Verlag GmbH 2007.

Klimecki, Rüdiger; Gmür, Markus: Personalmanagement. Stuttgart, Lucius & Lucius 1998.

Lackner, Tatjana; Triebe, Nika: Rede-Diät. St. Pölten, Residenz Verlag 2006.

Liessmann, Konrad P.: Theorie der Unbildung. Wien, Paul Zsolnay Verlag 2006.

Malhotra, Deepak; Bazerman, Max (2007): Negotiation Genius. New York, Bentham Books.

Malik, Fredmund (2000): Führen Leisten Leben. Wirksames Management für eine neue Zeit. Stuttgart, München, Deutsche Verlagsanstalt.

Neuberger, Oswald (2002): Führen und führen lassen: Ansätze; Ergebnisse und Kritik der Führungsforschung. Stuttgart, Lucius und Lucius.

Niquet, Bernd (2007): Kant für Manager. Eine Begegnung mit dem großen Philosophen. Frankfurt am Main, Campus.

Pöppelmann, Christa: 1000 Irrtümer der Allgemeinbildung. München, Compact Vlg 2007.

Schwanfelder, Werner (2004): Sun Tzu für Manager. Die 13 ewigen Gebote der Strategie. Frankfurt am Main, Campus.

Index

12 Leading Skills 9

A

ABC-Analyse 258
Abteilungsklausuren 58
Ad-hoc-Gruppen 175
Antagonist 174
Appell 180

B

Bad-Boss-Verhalten 36
Be Boss-Logbuch 14
Be Boss Spiel 293
Beitrag Sinn 45
Binsenweisheiten 261
Boreout-Syndrom 242
Bullshit-Bingo 143
Bullshit-Generator 144
Bumerang 28

C

Carsharing-Strategie 87
Checken 192
Chefappeal 150
Coach 99
– Trainer 100
Coopetition 218
Coop-Verhandlung 220

D

Delegieren 10, 77
Dienstleistung 45
Diskussions-Schmarotzer 55
Diversifikation 134
DNA, Führungs- 22
Douglas McGregor 75

E

Edward Lee Thorndike 72
Eigenmarketing 151
Eroberer 37
extrinsische Motivation 139

F

Feedback 38
Fehlerkultur 269
Fehlerrate 176
Fight 85

Flight 85
Flüsterpropaganda 47
Fragefehler 232
Freunde 157
Fright 84
Frustration 38
Führungs-DNA 22
Führungsfehler 27
Führungsprinzip 63

G

Gefangenendilemma 219
Gemeinsame Feinde 182
gemeinsame Not 181
gemeinsame Nutzen 182
gemeinsamen Freunde 182
gerade 105, 185
Gesprächsfördernde Pausen 230
Glück 261

H

Handlungsmotivation 70
handlungsorientiert 70
Handlungsziele 117
Handouts 95
Harmonisieren 10
Headship 19
Heros 171
Highway-Strategie 86
Hiobsbotschaft 209

I

Improvisieren 10
Inszenieren 10
interne Kommunikation 59
Intervenieren 11
intrinsische Motivation 139
Investieren 11

J

ja, aber 205
Joachim Bauer 72

K

K9 – Karussell 164, 278
Killerphrasen 39
Komfortzone 83
Kommunikationssperren 205
Kompetenzen 21
konkav 105, 185
Kontrapunkt-Taktik 213
Kontrollieren 11
konvex 105, 185
Kooperation 73
Kreativität 176
Kündigungsgespräche 195, 198
Kündigungsleitfaden 196

L

Lap Com 227, 236
Leadership 19

12 Leading Skills 9
Leading Strings 30
Lehrgespräch 102
Leistungsmotivation 70
Leistungsorientiert 70
Lernen 99
Lernkreislauf 101
Lob 138

M

Mäeutik 273
Mainstream 146
Management-Fehler
– by Babysitter 29
– by Chicken 32
– by Diva 33
– by Jeans 27
– by Kangaroo 31
– by Moods 31
– by walking around 203
Manipulator 37
McNamara, Robert Strange 167
Mediums 45
Meeting 54
Mentor 172– 173
Michael E. Porter 119
Mitarbeitergespräch 189
Misstrauen 38
Mommy's Darling 30
moralisch 180
Motivation 69
Mundpropaganda 48, 51

N

Navigationssysteme 277
Networking 155
New Leadership 20
Nicht-Nullsummenspiele 218

O

offene Fragen 192
Offroader-Strategie 87
Operative Netzwerke 156
Organisationsaufwand 177
Organisieren 11

P

Panik-Zone 84
Paraverbale 232
Performer 37
positive Verstärkung 138
Priorisieren 11
Proforma-Werte 57
Protagonist 173
Prozessdiskussionen 54
Prozess-Taktik 212

R

Rangdynamik-Modell 172
Raoul Schindler 172

Reizbegriffe 214
Remunerationen 179
Resonanz 73
Rufzeichen-Botschaften 231

S

Scheinvergleiche 214
Schweigespirale 109
Selbstwirksamkeit 85
Seminarmethoden 92
SMART 118
Storytelling 49
Strategie 119
Strategie der Gelangweilten 244
Strategie-Kontroll-Check 124
Strategische Netzwerke 156
strategische Vision 115
Subsumieren 12
Supporting Characters 174
Synthetischer Tornado 180
Systemtheorie 113

T

Tit for tat 219
Top Secret 30
Trainer 100
Trainer-Recruiting 91
Trainingshandout 92
Traum 114

U

Übernahme-Workshop 26
Unternehmensgestaltung 277
Unternehmensnavigation 277

V

Verbalisieren 12
Verhandlung 217
vernetztes Denken 134
virales Marketing 43
Vision 115
Visualisieren 12

W

Werte 56
Wut 211
Wut-Taktik 211

X

X- und Y-Theorie 75

Z

Zeit Light-Methode 251
Zeitmanagement 257
Zeitreligion 248
Zuspätkommen 54
Zwei-Faktoren-Theorie 71